国 鉄

DE10 形

ディーゼル機関車

2022年3月のダイヤ改正直前。DE10形自体が数を減らす中で、石巻駅でまさかの国鉄色の3両並びが見られた。左からDE10形1591号機、3510号機、1160号機 石巻 2022年3月8日 写真／高橋政士

曙の陸羽東線を、DE10形1202号機を先頭に重連で「あけぼの」を牽引する。
長沢～南新庄間　写真／植村直人

オールラウンド プレーヤー DE10形 本線列車 編

左／重連で石灰石列車を牽引するDE10形1079号機。亜幹線では主役の機関車として活躍した。特に四国ではDF50形の置き換えにDD51形ではなくDE10形が投入され、ディーゼル機関車の主力となった。斗賀野〜多ノ郷間 1991年5月2日 写真／新井 泰

右／「タウンシャトル」のヘッドマークを掲げて、久大本線で50系客車の普通列車を牽引するDE10形1207号機。由布院〜南由布間 写真／植村直人

五能線の観光列車「ノスタルジックビュートレイン」。「リゾートしらかみ」の前身となった列車で、DE10形1186号機など4両が専用牽引機として塗色変更された。深浦〜広戸間 写真／植村直人

盛岡区のお座敷列車「ふれあいみちのく」を牽引するDE10形1112号機。DE10形は標準色だが、
赤色と白色の組み合わせがマッチしていた。　　写真／植村直人

はるばるヨーロッパからやってきた本物の「オリエント急行」。帰国を前に入換を行うDE10形1514号機。
下松　1988年12月27日　写真／新井 泰

爽やかな夏空の下、第2久慈川橋梁を渡る西金行きの交番検
査出場列車。常陸大子から西金へは日中の運転だったため、
つい最近まで本線で列車を牽引するDE10形の姿を見られた。
西金〜上小川間　2022年9月30日　写真／池田千聖

仙石線の205系を郡山総合車両センターに入場
するため、205系側を密着式自動連結器に交換し
て石巻線を牽引するDE10形1651号機。小牛田
〜上涌谷間　2022年6月27日　写真／髙橋政士

水戸支社のジョイフルトレイン「ゆう」は、485系
電車だが、非電化の水郡線乗り入れ用に電源車
が準備されていた。水郡線内はもちろんDE10
形が牽引を担った。水戸　2013年3月2日
写真／久下沼健太

人影の少なくなった深夜の綾瀬駅に、甲種輸送列車を牽引して到着したDE10形1666号機。普段は機関車の走ることがない常磐緩行線に機関車が入線する貴重なシーンである。DE10形はATCを持たないため、夜間に線路閉鎖を施行して入線した。綾瀬 2021年10月31日
写真／久下沼健太

オールラウンドプレーヤーDE10形
入換・回送 編

はるばる甲種輸送されてきたE6系を、アンカーとして南秋田車両センターへ牽引するDE10形1187号機。E6系との組み合わせもよく似合う。
2013年9月20日　写真／高橋政士

JR東日本に承継されたDE11形1031号機。尾久車両センターでブルートレインや「カシオペア」といった客車の入換に従事した。2015年3月26日　写真／雨宮奈津美

入換専用のヘビーデューティー DE11形

上／コンテナ貨車の入換を行う防音試作機のDE11形1901号機。キャブ前面のスピーカーや屋上のクーラーが特徴。西湘貨物 1989年
写真／長谷川智紀

中／無蓋貨車を牽引して足尾駅に入線するDE11形53号機。足尾線はその後、第三セクターのわたらせ渓谷鐵道となり、現在も譲渡車のDE10形がトロッコ列車の牽引をしている。足尾 1982年2月28日
写真／渡辺和人

下／都市の貨物駅用に防音対策を強化したDE11形2000番代。同じ系列とは思えない、大きな車体が特徴。茅ケ崎　1987年5月
写真／名取信一

単線型ラッセルヘッドを連結し、
雪を両側に掻き分けて進む
DE15形。DE10形とは違う勇
姿がある。添牛内〜共栄間
1992年2月　写真／高橋政士

雪と闘うラッセル除雪用
DE15形

単線型ラッセルヘッドを前後に連結したDE15形2516号機。ボギー車のラッセルヘッドには運転台があり、
機関車を遠隔運転できる。共栄〜朱鞠内間　1999年2月25日　写真／高橋政士

14系の寝台車と座席車で組成された急行「大雪」を牽引するDE15形。ラッセルヘッドとは端梁の2カ所の
連結器と、ボンネット上部中央の連結器の3カ所で連結するため、ボンネット前面のナンバープレートがな
いものが多く存在する。写真／植村直人

Contents 旅鉄車両ファイル 011

表紙写真：DE10形1591号機牽引のコンテナ列車
涌谷〜前谷地間　2017年5月8日
写真／髙橋政士

第1章　**DE10形の概要**
14　　入換用機関車の条件
22　　DE10形ディーゼル機関車のプロフィール
28　　DE10形のメカニズム
　　　ディーゼル機関／動力伝達装置／台車／運転台機器

第2章　**DE10形の増備と仕様変更**
88　　DE10・11形の番代区分と主な設計変更点
106　Column　本線用の5軸機、DE50形

第3章　**カラーバリエーション**
108　カラフル！DE10・11・15形
　　　国鉄／JR北海道／JR東日本／JR東海／JR西日本／JR四国／
　　　JR九州／JR貨物／臨海鉄道ほか

第4章　**DE10形のディテール**
128　DE10形1649号機のディテール
　　　外観／キャブ外観／運転室／第1運転台／第2運転台／機器室／
　　　床下・台車／旋回窓
151　DE10形1649号機の勇姿
153　Column　首都圏で活躍するDE10形 最後の楽園

第5章　**DE11・15形と民鉄の同型式**
156　DE10形の派生形式
　　　DE11形ディーゼル機関車／DE15形ディーゼル機関車
163　民有鉄道のDE10系列
166　Column　　田野浦公共臨港鉄道 DE65形

第6章　**記憶に残るDE10　・11形**
168　DE10・11形と共に過ごした若き日の思い出

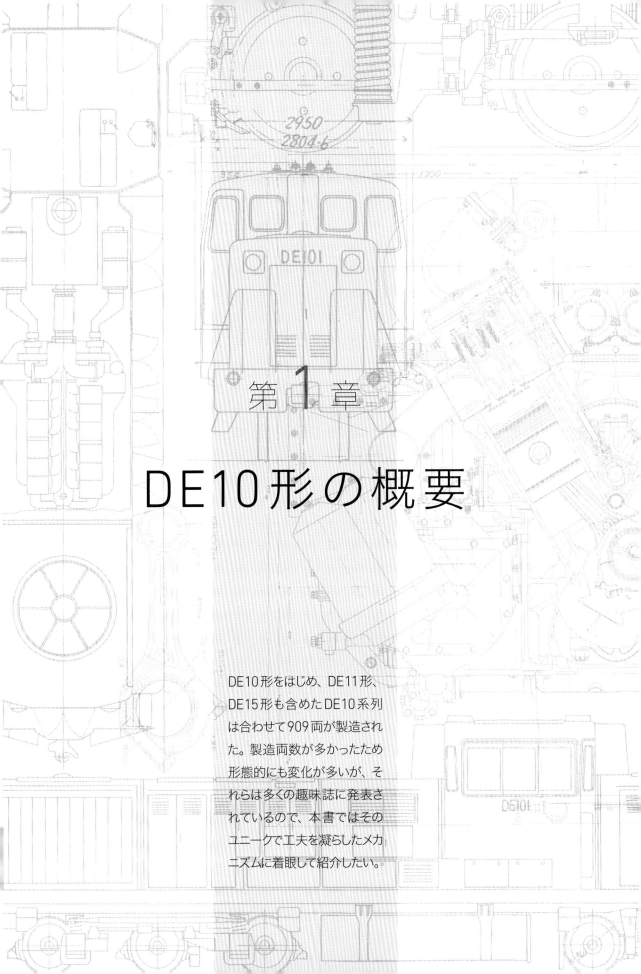

第 1 章

DE10形の概要

DE10形をはじめ、DE11形、DE15形も含めたDE10系列は合わせて909両が製造された。製造両数が多かったため形態的にも変化が多いが、それらは多くの趣味誌に発表されているので、本書ではそのユニークで工夫を凝らしたメカニズムに着眼して紹介したい。

入換用機関車の条件

文●岩成政和

DE10形は大きな貨物駅や操車場で入換に従事する9600形を置き換えるために開発された。入換用というと第一線を退いた機関車や、小さな機関車が使われるように思うが、入換用には独自の性能が求められていた。

札幌貨物ターミナルで入換をするDE10形1718号機（手前）。本線を走行しない入換動車とされたため車籍がなく、識別のため車体色が変更された。奥には国鉄色のDE10形1747号機も見える。札幌貨物ターミナル　2014年5月29日　写真／村田忠俊

入換用機関車の役割と定義

入換用機関車の始まり

　貨物列車が誕生してしばらくの間は、貨物列車が各駅に着くと、到着した駅ごとに列車を牽いていた機関車が編成を離れ、その駅に着く貨車を貨物積卸線に持っていき、またその駅から輸送する貨車を編成に連結して再び牽引するといった作業を繰り返していた。

　しかしそれでは各駅ごとの貨物列車の滞留時間が長くなる。また途中駅の停車時間が長くなることで列車の表定速度が著しく低下するとともに、入換作業の間にその駅を行き交う他の列車の運行にも支障をきたすようになり、安全上の問題も生じるようになった。

　そこである時期から、貨物列車に関する作業量が大きい駅については列車を牽引する機関車とは別の、駅構内の作業だけを行う機関車を配置するようになった。この機関車によって、列車が発着する時間以前の安全な時間帯にある程度の作業を済ませておくことで、列車を牽引する機関車の作業をなくし、列車の停車時間を短縮するとともに駅構内の作業の安全を図ることになったのである。

　やがて鉄道が発展し巨大化すると、大規模な車両基地、貨車操車場、検査修繕を行う工場といった広大な鉄道施設が出現し、こうした施設でも各施設専用の機関車が必要となった。また工業地帯

や埠頭などでは短小だが毛細血管のような樹枝状の貨物線が生じ、こうした路線で数両単位の車両を牽き連結・解放・留置・移動といった作業を一日中繰りかえす機関車も必要となった。

　かくして、幹線の駅間を走ることがなく、専ら鉄道施設の構内作業や短小樹枝状の路線の小運転を行う「入換用機関車」という役目が生まれたのであった。

入換用機関車の適性

　入換用機関車といったジャンルが登場して以来、多くの場合、それは引退前の二線級の車両、あるいは旧型で小型非力な車両が務める役目とされてきた。

　ただ、かといって廃車直前の旧型機関車ならなんでもいいとはならないのが入換用機関車の仕事というものである。確かに本線仕業のように、目一杯の牽引量の長大編成を高速で牽引するといったことはないので、牽引力や最高速度においては本線用機関車に劣ったものでも差し支えない場合が多い。

　しかし入換用機関車にも望ましい姿というものはあり、用途や作業内容、線区によってはかなり「機関車を選ぶ」必要がある入換が存在した。以下いくつか、入換用機関車なりの適性を挙げておきたい。

🔳 作業環境が良いこと

　入換は前進・後進を繰り返す。前進後進の切り替えに手間がかかっては話にならないし、後進時の見通しが悪い機関車も困る。昔は機関助士が乗務しており、見通しの悪い側や向きは機関助士が見て喚呼してくれるから良かったが、1人乗務の現代では特に左右前後いずれも運転士の見通しが良いことが求められる。運転台も、前後の度にいちいち運転台を移動するなどはやってられない。

　凸型のディーゼル機関車や電気機関車では中央運転台かつ横向きで運転するという設計がよくある。これは本線列車では運転台機器と進行方向が90度異なり、体をひねった不自然な格好で運転することになるから嫌う機関士もいたが、入換仕業に使うのなら頻繁な前後移動でも座ったまま軽く首を振るだけで進行方向が見られるという点で合理性がある。

　また入換では駅（操車）係員が車体に掴まって移動したり手旗を振ったりといった動作が多い。機関士から見てこうした係員が死角になるようでは困るし、機関車の四隅に駅係員自体が掴まったり外で乗ったりするステップやデッキが充実している必要がある。だから本線用機関車が入換用に用途変更されると不格好なステップやデッキが後付けで付いたり、また地上係員の触車防止に派手なトラ縞などの警戒色が塗られることも多い。

入換用として開発されたハイブリッド式のHD300形。操車係の安全に配慮しデッキやステップが拡大され、標識灯類は幻惑しないように手スリに設置。端梁はトラ縞の警戒色に塗られる。岡山貨物ターミナル 2016年4月24日　写真／高橋政士

🔳 非電化対応かつ燃料が充分なこと

　作業が定型化されていた電化私鉄の専用線などではかなりの側線まで電化されている場合もあったが、駅構内の貨物線や港湾地帯の貨物側線の隅々まで電化するのは、経済性や貨物倉庫前でのフォークリフトやダンプカーを使った積み卸しの安全といった面から困難であり、多くの場合、入換用機関車は非電化車両、すなわち蒸気機関車や内燃機関車ということになる。

　また、たくさんの支線や作業側線がある港湾地帯や1日中作業のある操車場の入換用機関車はとても多忙である。

　距離的に機関区がそう遠くないところにあっても、列車牽引の前後に機関区などでの留置時間がある本線用機関車と違って、意外と燃料（蒸気機関車では石炭や水、ディーゼル機関車では軽油）を補給に行く時間がとれない。

　そこで、所属機関区が隣接、あるいは近い場合でも、大規模な港湾地帯、操車場の入換機の場合

は、蒸気機関車ではタンク機ではなくテンダー機を使用していた。またディーゼル機関車でもDD13形が増備の途中で燃料タンク増大の設計変更を行っている。

③ 貧弱な線路に耐えること

入換作業を行う引込線の末端部などでは、往々にして線路保守が十分でなく脱線しやすく、線路自体も老朽化していることが多い。

入換作業は低速で慎重に行うから、相当へろへろの線路でも機関車が入って作業して大丈夫であるが、それにしてもやはり軸重が軽く、曲線に対する許容性が高く、脱線しにくい車軸配置や構造が望まれる。

そのため、ローカル線向きの小型軽量の機関車は、老朽化でローカル本線仕業の第一線を退いても入換機で余生を送ることが可能であるが、幹線用のマンモス機は幹線から引退すればローカル線でも入換でも使いようがないから、即機関車自体の引退となってしまうことが多い。

④ 環境への配慮

一般の人家がほぼ皆無の奥地の鉱山などを別にすれば、入換作業を行うのは大きな駅やそれに隣接する車両基地や操車場、港の臨港貨物線などであり、都市や鉄道駅の発達と共にそれらの比較的近くに人家や倉庫、事務所などが密集するようになった。

入換では同じ線路を何度も往復し、その都度汽笛を鳴らす。また幹線道路を長時間ふさぎ、開かずの踏切なども生じる。こうしたことから、鉄道が住民に有無を言わせなかった戦前はともかく、戦後の民主主義の時代になると列車往来や騒音、大きな汽笛の音などに苦情が寄せられることになった。また蒸気機関車では、煙突から出る燃えかす（シンダー）が屋外の商品や洗濯物などを汚すという苦情も出始めた。

こうした事情から、蒸気機関車の場合は汽笛の代わりに鐘を付けた線区もある。また牽引量としては小さいこともあり、本線旅客列車より先に入換用にディーゼル機関車が投入され、無煙化されることも多かった。

特殊なケースとして火薬兵器を扱う基地発着の入換や石油基地、可燃物が多い化学工場や坑内爆発の危険がある炭鉱などの入換がある。こうした場所では蒸気機関車が嫌われ、かなり早い段階で蒸気機関車が追放されると共に、点火装置やスイッチ部から火花が出ないように、ディーゼル機関車が特に防爆仕様にされることもあった。

⑤ 操車場の入換

現在では消滅してしまったが、往時は大都市や幹線の分岐地点などに貨物列車の編成の組立・分解、貨車の整序などの作業を行う広大な貨物輸送用施設である操車場が存在した（大都市圏では品川、尾久、宮原など客車の組成を行う操車場も存在した）。この操車場における入換作業は、さまざまな入換作業のなかでも機関車、また機関士や操車係員といった鉄道員にとって最も激務であるとともに、構内設備の内容や作業内容から一般の入換作業とは異なる、やや特殊な機関車要件が求められていた。

まず、操車場ではハンプ入換（人工の急坂〈ハンプ〉の上に長編成状態の貨車を編成最後部から少しずつ押し上げ、頂点で1両ずつ切り離して反対側の下り坂に1両ずつ流し、自然転動と1両ごとに掴まっている係員の作業でブレーキを掛けながら、枝分かれした先の目的の用途の線に並べる作業）や、突放入換（とっぽう）（後ろから貨車を推す途中で急ブレーキを掛け、連結器を外していた貨車だけを先に転がし、係員作業で目的の線に並べる作業）が恒常的に行われていた。

こうした操車場作業ではまず、速度は低くていいが、重い長大編成をハンプに上げる牽引力（推進力）のある機関車が必要である。

次にハンプで惰性に流されず小刻みに確実に停めるブレーキ力が必要。また突放入換の場合は、急ブレーキを掛けて1両ずつ突放で離していく貨車以外の残りの貨車と自分（機関車）は確実にその場に停まる必要があるため、とにかくよくブレーキが掛かる必要がある。

こうしたハンプ作業や突放作業では、1両ずつ切っていく予定の各貨車はブレーキ管をつなげていない状態で連結し作業しているから、何十回何

国鉄 DE10形 ディーゼル機関車

百回という作業の度に機関車自身だけにブレーキを掛けて編成を停めていた。

　従って全盛期の操車場の機関車はブレーキ関係のパーツの消耗が著しく、機関区ではブレーキシュー（制輪子）の点検と交換に追われた。こういう状況であったから、ブレーキの効きの悪い機関車や台車構造上、制輪子交換がやりにくい機関車は操車場入換用としては不適格であった。

　そして空転しづらいことも重要である。操車場での貨物列車組成の際はハンプへの押し上げのほか、本線用機関車が牽く予定の長い編成を組成線から出発線に持っていき据え付けるというような牽引重量の大きな編成を何度も動かす作業がある。毎回動き出す際に空転していては困るわけで、速度は低くてもいいから滑らず空転せず確実に牽き出せる性能が求められる。

　また操車場作業エリア構内も曲線が多いため、曲線追随性の良さも必要である。ただ、さまざまな貨車が高頻度で通ることを想定した大規模操車場構内の線路は幹線規格の線路で整備されていることが多いため、機関車軸重については幹線向けの14t以上でも構わなかった。

　なお、操車場入換の中でも特殊な入換としては、これも歴史の彼方に消えたが車載型鉄道連絡船に対応した連絡船桟橋入換があった。これは桟橋（可動橋）に重い機関車が載らないようにするため、数両の控車を挟んだスタイルで船に貨車を出し入れする入換で、今残っていれば動画の格好のターゲットになったであろう。

　船の中での貨車編成の順序や固定方法にも独特のノウハウがあったのだが、今これを知る人も少なくなった。青森、函館、有川（現・函館貨物駅）、宇野、高松、下関、門司港（小森江岸壁）だけで見られた入換である。

青函連絡船での車両航送の入換を行うDE10形1734号機。潮の干満差による船舶の高さの違いを調整するための可動橋には、基本的に機関車は入線禁止なので、5両ほどの控車（空車）を連結する。船舶側の入船線路を示すため、進路表示式入換標識が機関車の上に見える。函館　1983年　写真／植村直人

新鶴見駅の大規模なヤードで、貨車をハンプに押し上げるDE11形。重入換用にDE11形が必要だったのが分かる光景だ。長大に連なる貨車が、2線同時に仕分けられており、空転が多いためバラストが砂で埋まっている。中央の線路は機回し線。新鶴見　1977年7月　写真／名取信一

入換機関車か
入換動車か

本線機関車に必要なもの

　一般的な機関車は、本線上で旅客列車や貨物列車などの営業列車を牽引する。つまり旅客の生命や顧客の財産を預かっているわけで、安全を担保するものとして機関車（および本線で使用する客貨車）には昔も今も厳格な法定点検が定められている。具体的には全般検査や重要部検査といった類のものである。

　また戦後は数々の大事故を鑑みＡＴＳなどのさまざまな保安装置が設置され、近年の機関車ではＥＢ（走行中一定時間〈おおむね60秒〉以上まったく乗務員が無操作である場合は異常発生とみなして停車する装置）、ＴＥ（緊急列車防護装置。これを操作すると非常ブレーキ、汽笛、防護無線発報などが一斉に始まる。自車重大事故時などに使用）、各種の無線や線区に応じた速度照査付ＡＴＳやＡＴＣが付くようになった。

　これらは安全という意味では当然の時代の変化なのであるが、一方でこうした安全のための検査実施や保安装置の設置はそれなりにコストがかかるものである。仮に入換専用、あるいは企業の専用線（引込線）との出入り専用の動力車なら、こうしたコストのかかる安全基準や保安装置のいくつかは省略して差し支えないと考えられる。かくして入換に使用されている貨車を動かす動力車には小型の機関車スタイルをしていながら、機関車としての保安装置や無線の一部を省略したものも用いられている。これらは機関車と区別するために入換動車や作業機械などと呼ばれている。

入換用でも必要なもの

　ただし気を付けないといけないのは、駅構内作業専用だったら何でも入換動車でよく、それで検査や装置管理のコストが節約できるなどと勘違いしてはならないことである。

　例えば構内が広く東西に伸びる線路の左右両側（南北）に大きな操車場と車両基地があるような場所の入換作業に使う動力車は、営業列車が発着する線路で作業をしたり営業中の旅客列車や貨物列車が行き交う本線を使用、あるいは横断する作業が発生するため、正規の機関車としての検査を受けて保安装置を搭載した機関車であるか、機関車でなくても一定の保安装置や無線を搭載した車両でなければならない。

　それを操縦する人も動力車操縦者免許が必要である（入換従事専用とされた教習内容がやや少ない免許〈限定免許と呼ばれる〉の制度もあるが、とにかく免許は必要）。

　また常駐する機関区を出て数駅を移動しながらちょこちょこと入換をする運用では、その「駅間を移動する」動きがまさに本線列車（単機回送列車）であるから、当然安全に関してはフルスペックの機関車・乗務員である必要がある。

　こうした意味で駅の貨車入換作業が入換動車でOKだとする場合はそう多くはなく、営業列車が発着しない作業線だけで作業する場合や、完全に営業線区と切り離された車両工場の内部のみというケースに限られる。現存するHD300形、DB500形や一時期各所で見られた入換動車相当とされたDE10形などが、本線走行しないにも関わらず機関車として扱われ車両検査もきちんと受けているのも、駅での作業内容から見て安全に関するルールを機関車としてきちんと適用すべきという考えからである。

　一方で入換動車にはさまざまなものがある。一般的にはミニ機関車的な形状のものも多いが、かつては本物の機関車を保安装置などを外し、誤解のないように塗装なども変更してそのまま入換専用で再利用している例もあった。私鉄では現在も複数の例がある（いわゆる「車籍なしの移動機」などと呼ばれているものである）。

　また入換動車の中には非常に簡易なものとして、アント工業やそのライセンス生産で製造される、「アント」と呼ばれる移動用エンジンに座席を載せただけのようなものもある。もちろんこうした入換動車やアントも、鉄道趣味の広い対象として研究されている人は多い。

2軸機関車のDB500形は一見すると入換動車のようだが、駅構内なら本線に出ることができるように、本線用の保安装置を備える。延岡　2022年11月17日　写真／岩成政和

入換に活躍したディーゼル機

入換用にはさまざまな機関車が使用されてきたが、蒸気機関車では9600形や8620形が有名で、大規模な貨物駅ではD51形も使用された。無煙化の中でディーゼル機関車へ移行するが、本稿では入換用として開発されたDD13形、そしてその後継として開発された本書の主役、DE10形とDE11形を取り上げる。

DD13形

入換用からDLを国産化

入換用機関車はなんだかんだ言っても本線用機関車の第二の職場という感が強かったが、純国産小型量産ディーゼル機関車であるDD13形は、最初から入換を主目的に大量生産された機関車であった。その投入のコンセプトは

❶実用的な国産ディーゼル機関車量産技術を確立し、かつ実際に運用してみる

❷運用先として大都市圏の入換仕業を想定する

ということであった。

❶については、もちろん当時のディーゼル機関車開発の究極の目標は幹線用の大型高出力機関車で

あったが、まだまだ純国産大型機関車の開発は無理で、この分野は当面欧州ライセンス機関を利用した機関車（DF50形）を製作することになった。しかしもう少し小型の支線区・入換程度の機関車であれば国産が可能な段階であるとして、このDD13形が製作されたのである。

❷は、上記❶のスペックで製造できる機関車は入換用か地方ローカル線区向けとなるが、当時はまだ幹線でも蒸気機関車の時代。地方ローカル線の無煙化は順序が違うと反感を買う可能性が高いうえに、旅客列車牽引時には小型機関車ではスペース確保が難しい蒸気暖房装置を搭載しない限り、冬期は暖房車が必要という問題があった。

一方で大都市圏の入換は乗客の多い駅頭や人出の多い港湾地帯などで行うものが多く、すでに蒸気機関車の使用には前述のように騒音・シンダー汚れといった苦情も増えていた。ディーゼル機関車を投入すれば苦情対策となり、大都市圏の大型機関区に集中配置することで保守や運転の課題の洗い出しや研究にも好適と考えられた。そこでDD13形については最初から入換が主用途、付随的に短距離の軽い貨物列車の運転等が想定されて製造が開始されることとなった。

結果的にDD13形は評判が良く、1958（昭和33）年から1967（昭和42）年までに416両が生産された。ただし1965（昭和40）年以降の大量新製には後述のDE10形・DE11形の開発・量産の遅れの影響があるとみられ、用途も入換とは限らず重連総括タイプの量産なども実施されている。もちろん本来の用途であった入換でも文字通り北海道から九州四国まで各地の車両基地、貨物基地などで活躍したが、やはり大操車場での活躍は難しく投入されず、DD13形が大量新製されても依然9600形の天下が続いた。

増備過程で多様な仕様が登場

形状としては1961（昭和36）年3月製の110号機までと、111号機以降では機関出力（110号機までは370PS×2基、111号機以降は500PS×2基）と外観が大きく異なっており、110号機までを弱馬力型あるいは前期型、111号機以降を強馬力型あるいは

後期型と分類することが多い。運転整備重量は弱馬力型・強馬力型ともに約56tのため軸重は14tである。

なお85〜110号機は弱馬力型でありながら台車と燃料タンク、空気タンクだけは後期型と同タイプという過渡期のバージョンである（台車が前期型のDT105ではなく後期型と同じDT113。燃料タンクが前期型の500L×2から後期型と同じ1000L×2となり、このため元空気ダメ空気タンクを後期型と同じく側面ランボード下に設置）。

台車の変更については台車軽量化とあわせて制輪子（ブレーキシュー）交換作業が簡単にできるようにするための改善であり、燃料タンクの大型化も入換途中での燃料補給のための機関区戻りを避けるための要素が大きく、いずれも入換に使用してから現場の声に配慮したものである。

DD13形は老朽化と貨物営業の縮小で1986（昭

かつては汐留から築地の東京市場まで、専用線が延びていた。鮮魚を輸送してきた冷蔵車を連結するDD13形185号機。専用線はなくなり、築地市場も更地になって再開発が始まる。東京市場　1982年7月
写真／児島眞雄

京葉臨海鉄道KD55形103は、国鉄DD13形346号機の譲渡車。JRには承継されなかったDD13形だが、場所を変えて息の長い活躍をしている。
市原埠頭　2008年3月5日　写真／髙橋政士

和61）年度までに廃車となりJR各社への引継機はない。

ただ、そのコンセプトは国鉄より輸送量が少ない私鉄では本線貨物列車牽引を含めて最適であり、臨海鉄道を中心に国鉄払下機や国鉄DD13形の同等機が長らく活躍。機関等は異なるものの、現在までほぼ同じ形状・出力の機関車が臨海鉄道や貨物専業私鉄で活躍している。

DE10形

9600形の代替を目指す

入換用にはDD13形が量産され、続いて幹線用には1962（昭和37）年にDD51形が開発されると、その次にはその中間くらいのディーゼル機関車が望まれるようになった。すなわちDD13形強馬力型（1000PS）よりもう少し出力があり、亜幹線で貨物列車や客車列車が牽け、かつDD13形と異なりDD51形と同様に冬期暖房用の蒸気発生装置のある機関車である。

またDD13形は軸重14tと9600形（軸重13.3t）より軸重が重いが、一方で同じ動輪4軸でも炭水車車輪までブレーキが掛かる9600形よりもブレーキが掛かりにくく滑走なども発生した。このため、DD13形には傷んだ引込線の奥まで入れる運用がある地域や、頻繁に入換作業中にブレーキを効かせる突放作業がある貨物操車場の仕業は任せられなかった。操車場ではDD13形が量産されても9600形が黒煙を上げていた。

上記のような多様なニーズを一気に解決する機関車の開発を企てた国鉄だったが、メーカーからの試作機借り入れやDD51形の1機関ショート版DD20形といった機関車でも解決せず、1966（昭和41）年10月にDE10形が登場、試行錯誤の末、1年後から量産に入ったことで、やっと上記の目的を皆達成することができた。

あらゆる用途に対応可能

DE10形は1250PS（後期型は1350PS）の機関1

基を積み、独特のA-A-A軸配置（各軸が横動に対応する）の3軸台車と2軸台車の組み合わせで曲線に強く、5軸で制動するためにブレーキも効き、車体重量65tの5軸という仕上がりで軸重13tも達成。基本形では蒸気発生装置も搭載かつ重連総括制御と、入換にも支線区客車仕業にもと、あらゆるニーズに対応する欲張った中堅機であった。

　このDE10形は国鉄ディーゼル機関車の決定版として1977（昭和52）年までに708両が生産され、亜幹線の列車を牽くと共に入換機としても大活躍した。国鉄分割民営化時にはJR全社に継承され、現在もJR東海とJR四国以外の5社にわずかに在籍、私鉄払下機も数社で連日活躍している。

　なおDE10形には機関出力の違いや蒸気発生装置の有無などで細かな番代区分があるが、中でも901号機は運転整備重量70t（軸重14t）、蒸気発生装置なしという、重入換特化試作車であり、DE11形の母体となった。

2024年3月に廃車となったDE10形3510号機。DE15形2506号機として落成し、一旦廃車になった後、JR貨物に売却されてDE10形3510号機となり、最後の活躍の場となった秋田貨物駅では入換動車扱いになった複雑な経歴の持ち主だった。秋田貨物　2024年3月12日　写真／高橋政士

隅田川駅で入換をするDE10形1662号機（更新車）。スノープロウ付きの場合、最下段のステップが広く作業がしやすい。　2011年1月6日　写真／高橋政士

DE11形

入換に特化した機関車

　DE11形はDE10形の派生機の一つで、大規模操車場の重入換に特化した車両である。すなわちヘビーデューティーな職場だが線路規格は良い大操車場を想定し、運転整備重量を約70tに上げ、軸重を14tとして制動の改善と滑走の防止を図っている。一方、本線列車を牽引することはあまりないとして蒸気発生装置やタブレットキャッチャーを付けずに落成した。

　1968（昭和43）年から1979（昭和54）年までに116両が製作されたDE11形にもさまざまな番代区分があるが、特徴のあるものとして騒音防止機構を付けた1901号機、その騒音防止機構をさらに発展させた2001〜2004号機がある。特に2000番代の4両は都市の貨物操車場（当初住宅地の中にできた横浜羽沢貨物駅を想定した）での使用を想定し、ボンネット内の遮音に配慮し、台車には防音スカートが付き全長も2.5m長いなど（一般の全長は14,150mm、2000番代は16,650mm）、外観も大きく異なっている。

　DE11形は主な職場である操車場が国鉄末期に廃止になったことから、使用開始から10年程度で大量に余剰機が発生。廃車も進んだため、2023（令和5）年で稼働機がなくなり、JR東日本、JR貨物に休車機が残るのみである。

最後まで残ったDE11形となった1041号機。貨物重入換用だが、国鉄分割民営化でJR東日本の所属となり、晩年は客車の入換にあたっていた。尾久客車区　2015年7月12日　写真／雨宮奈津美

DE10形ディーゼル
機関車のプロフィール

文●高橋政士

DE10形は国鉄の量産液体式ディーゼル機関車で最後に開発されたもので、入換作業と支線区の貨物・旅客牽引用といういささか欲張った設計をしている。DE11形、DE15形も含めたDE10系列の製造両数は909両にも及び、国鉄のディーゼル機関車としては最多両数を誇る。国鉄分割民営化の際には、JR全社に承継された唯一の機関車でもある。

有蓋車と無蓋車が連なる越後線の貨物列車を牽引するDE10形44号機。0・500番代と1000番代の1005号機までは、前面デッキの手スリ形状がシンプルである。新潟　1969年1月26日　写真／大那庸之助

DE10形の
開発に至るまで

　入換作業と短区間の小貨物列車の無煙化を目指し、1958（昭和33）年に登場したDD13形は使い勝手の良さから好評にうちに増備が進んだ。当初は出力が272kW（370PS）のディーゼル機関を2基搭載し、機関出力は合計544kW（740PS）だったが、後

期型と呼ばれる111号機から368kW（500PS）×2となり、合計736kW（1000PS）となった。111号機以降の後期型の登場により、入換能力は8620形蒸気機関車を上回るようになり、全国各地、特に市街地周辺の無煙化に貢献し、重連総括制御を持ったものも製造されるなど、合計で416両が製造された。

　しかし、DD13形は重入換用として使用されていた9600形蒸気機関車の性能には及ばず、大操車場の入換には依然大正生まれで老朽化が進んでいた9600形を置き換えるには至らなかった。これは当

時の貨車入換が突放入換を採用していたことが大きく関わっている。

突放入換とは操車場に到着した貨車を機関車で推進して、機関車がブレーキを掛けると連結を切った貨車が惰性で転走し、目的の線路へと仕分ける原始的ともいえる方法だ。当然ながらこの場合は列車として使用していた貫通ブレーキは使用できないので、最大で50両にはなろうかという重たい貨車を機関車のブレーキだけで停止させなければならない。

9600形は動軸は4軸で動輪軸重は約13.2t、対するDD13形は動軸は4軸で軸重は14tで、DD13形は動輪周出力は9600形には劣るものの、力行時の牽引力は低速域では若干9600形を上回っていた、

しかし、9600形はテンダ（炭水車）の3軸にもブレーキが作用するため、炭水が半減した状態でも機関車重量が78t程度あり、合計7軸にブレーキが作用することから、ブレーキ力はDD13形を大きく上回っていた。平面ヤードにおける突放入換でDD13形が能力不足だったのは、このブレーキ力の不足ということが大きかった。

置き換えが急務の大型貨物ヤード

少々話がそれるが、東北本線長町駅の操車場（長町ヤード）は、東北本線と常磐線の分岐点にあり、1955（昭和30）年の改良によって1日当たりの取扱標準能力は2,400両と拡大されたが、昭和30年代の終わり頃には取扱実績が2,500両ほどになり、ヤード処理能力を超え、特に到着列車を行先ごとに分ける分解作業の時間短縮が問題となっていた。

平面ヤードでの突放入換では頻繁に加速と減速を繰り返すことから、貨車の転送速度を高くして、加減速に掛かる時間を短くするとヤードにおける操車能力が向上する。しかし、蒸気機関車による突放入換では加減速距離が延びてしまうため、逆に入換中に再度引上線に引き上げる「中間引き上げ」の回数が多くなってかえって効率が低下する。

そこでブレーキ軸数を増やしてブレーキ力を増大させるため、窮余の策として考案されたのが「入換用ブレーキ車」である。入換用ブレーキ車は廃車になったC62形蒸気機関車のテンダを利用し、入換用機関車の単独ブレーキが作用するように改造したもので、長町ヤードで9600形と共に使用され、入換能力向上に寄与した。

その後、さらに高加速で貨車の転送速度を高めるために、長町ヤードでは重連総括型のDD13形500番代を新製配置し、突放入換を重連で行うことで突放速度を高めた。ブレーキ軸数も2倍となることから、中間引き上げの必要もなくなりハンプヤード並みに分解能力を高めることに成功している。

このようにDD13形を重連で入換に使用するのは能率を上げるには良いが、高価なディーゼル機関車を2両も使用することから、あくまで窮余の策である。また、DD13形は1両でディーゼル機関を2基使用していることから、コストとメンテナンス軽減を兼ねて、大出力機関1基を搭載した入換および支線区用のディーゼル機関車が求められた。

汐留から東京市場へと至る専用線で、冷蔵車などの貨車を牽引するDD13形1号機。汐留〜東京市場間　写真／児島眞雄

入換用となった9600形9695号機。前面煙室扉とテンダ背面には警戒色としてゼブラ模様、側面には緑十字が入れられた。岡山　1965年1月4日　写真／大那庸之助

DE10形の誕生に多大な影響を与えたDD20形。1号機はDD51形1号機を踏襲したデザインで、2エンド側がないL字形スタイルが特徴。新津運転区　1985年7月18日　写真／新井泰

こうしてDD53形ロータリ除雪ディーゼル機関車の後補機用にDD51形を半分にしたようなDD20形1号機と、入換用にも使用しやすいように改良したDD20形2号機が開発されたが、軸重は13.5tあり、軸重が13tに制限される丙線では運用ができず、入換用としてもブレーキ力不足で中途半端な存在となってしまった。

入換用途を重視したDE10形の構想

このような経緯から、軸重13tで丙線にも入線可能でありながら、9600形並みの入換能力を持ったディーゼル機関車を開発することになった。ブレーキ力を大きくするためには重量が重いほど有利だが、軸重を制限することは相反する条件である。そこで、運転整備重量54tで軸重13.5tのDD20形2号機を基本として、以下のような方法が考えられた。

A案：入換時のブレーキ不足を補うため、無蓋車に死重を搭載して総重量20t程度としたブレーキバン（ブレーキ車）を適宜連結して運用する方法。
B案：動軸を5軸として軸重を13tとし、運転整備重量を65tとするために6tほどの死重を搭載する。ブレーキ力は9600形に劣るが、ブレーキシュウ押付力を高めてブレーキ力を補足する方法。
C案：入換時のブレーキ力を確保するために動軸を6軸とし、軸重13tに調整するため、15t程度の死重を搭載する方法。

これらの方法を検討した結果、A案ではブレーキバンの運用が煩雑となり、機関車自体の軸重は13.5tで丙線には入線制限が発生する可能性があること。C案では運転整備重量が78tになり、粘着力を重視する入換時には有効だが、それ以外の本線走行などの速度領域では死重を搭載した分だけ損失となる。

このようなことから、B案の軸重13tで5動軸のディーゼル機関車が構想されることになり、DE10形液体式ディーゼル機関車が設計開発されることになった。

条件を両立させたDE10形の概要

ディーゼル機関車は使用目的によって本線用か入換用に分けられている。
本線用としては、
1. 高速度運転が可能
2. 牽引力が大きい
3. 列車暖房装置を装備する
という条件がある。
入換用としては、
1. 低速度での牽引力が大きい
2. 前後の見通しが良好
3. 曲線通過が容易
という条件がある。
DE10形は幹線での高速度の列車牽引は想定していないが、入換用から支線区の列車牽引まで、前

DML61Z系主要項目

形式	DML61Z	DML61ZA	DML61ZB
主な搭載形式	DD51形(量産車)	DE10形(初期型)	DE10形(後期型)
作動方式	4サイクル、予燃焼室式、無気噴射	同左	同左
シリンダ数	6×2＝12(60度V形)	同左	同左
シリンダ直径(ボア)	180mm	同左	同左
シリンダ行程(ストローク)	200mm	同左	同左
総排気量	61.07L	同左	61.08L
圧縮比	14.8	同左	15.9
連続定格出力	809kW(1,100PS)	919kW(1,250PS)	993kW(1,350PS)
連続定格回転数	1,500rpm	同左	1,550rpm
アイドリング回転数	500rpm	同左	同左
最高許容回転数	1,650rpm	同左	1,705rpm
平均有効圧力	1,080kPa(10.8kg/cm²)	1,228kPa(12.28kg/cm²)	1,470kPa(14.7kg/cm²)
ピストン速度	10m/s	同左	10.3m/s
爆発順序	A1-B6-A4-B3-A2-B5-A6-B1-A3-B4-A5-B2	同左	同左
回転方向	前端から見て右回り	同左	同左
機関潤滑油量	110～120L	110L	同左
燃料噴射時期	6ノッチまで、上死点前19度 7ノッチ以上、上死点前34.3度	同左	同左
連続定格燃料消費率	約170g/PS/h	約172g/PS/h	約175g/PS/h
最高爆発圧力	約8,000kPa(80kg/cm²)	約11,000kPa(110kg/cm²)	約11,500kPa(115kg/cm²)
過給器	TB22B	TB19	TB19A
過給方式	排気タービン式	同左	同左
中間冷却器	EX11	EX11A	同左
潤滑油冷却器	EX8	EX8A	同左
燃料ポンプ	ボッシュZ型	同左	同左
調速機	全速調速機	同左	同左
機関寸法　全長	2,746mm	2,763.5mm	2,768mm
機関寸法　全幅	1,840mm	1,840mm	1,840mm
機関寸法　全高	1,936mm	1,785mm	1,835mm
機関寸法　乾燥重量	約5,600kg	約5,500kg	約6,500kg

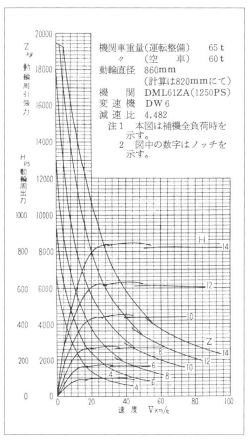

機関車重量（運転整備）　65 t
　　〃　　（空　車）　60 t
動輪直径　860mm
　　　　（計算は820mmにて）
機　関　DML61ZA（1250PS）
変速機　DW 6
減速比　4,482
注1　本図は補機全負荷時を
　　　示す。
　2　図中の数字はノッチを
　　　示す。

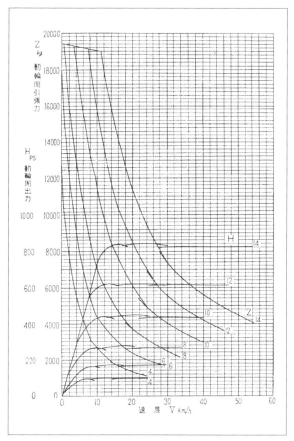

DE10形（DML61ZA機関搭載車）の引張特性曲線。高速段（左）で本線用に必要な高速運転性能を、低速段（右）で入換用に必要な牽引力を発揮する。

入換と本線走行の"二刀流"を可能にした2段切換式のDW6液体変速機。写真は1次速度比検出装置（後述）が1・2速コンバータ軸にあるので日立製である。土崎工場　写真／高橋政士

牽引力とブレーキ性能の両立を可能にした3軸台車。分岐器走行中などでは枕バネの捻れ具合が異なり、1軸ずつ独立している様子が分かる。DE10形1179号機　仙台貨物ターミナル　2017年1月25日　写真／高橋政士

述の条件を満たすべく欲張った性能のディーゼル機関車といえる。

　心臓部のディーゼル機関はDD51形、DD20形で使用したDML61Z機関の改良型を1基使用したもので、機関冷却水回路を主回路と吸気冷却装置（イ ンタークーラ）回路と別にし、ピストンの熱負荷向上のため、アルミ合金製のピストン上部を鋼製冠（鋼製クラウン）付きとすることで出力をアップしたものを使用。改良型として919kW（1,250PS）のDML61ZA機関となった。

DE10形0番代形式図（試作）

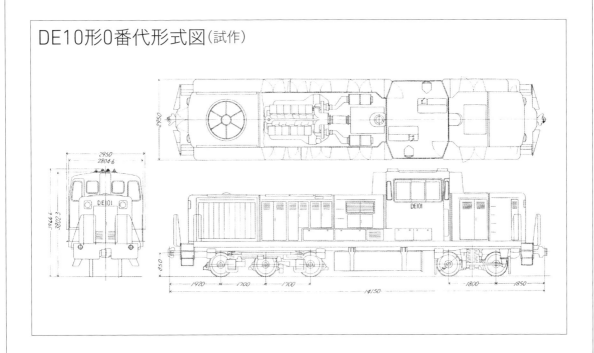

　液体変速機は、支線区での最高速度は85km/hが要望されるが、入換時は粘着力が必要になるため、設定が最高速度寄りの場合では、入換時に機関へ不要な負荷を掛けることになり故障の原因となる。

　このため入換時の粘着力重視の低速段と、本線走行時の高速段と使い分けられる2段切換式のDW6とした。2段切換式は東海道新幹線用のディーゼル機関車911形などと同様である。

　3軸台車は一つの台枠に3軸を取り付けた台車では横圧が大きくなるので、曲線通過を容易にするため、各軸が横動可能なように1軸ずつ独立し、リンク装置によって連結されたA・A・A台車とした。2軸台車はDD20形2号機で用いられたDT131Aを改良のうえ使用する。両台車とも減速機が車軸にあり上部に推進軸が通るため心皿なしの構造となる。海外では通常の3軸台車と2軸台車を組み合わせた例があるが、DE10形の台車は日本国内の状況を考慮したものであるといえる。

　空気ブレーキは操作を容易にするため、DD53形、DD20形で採用されたセルフラップ型のL15系ブレーキを採用する。また、ブレーキ動作を確実なものとするため、制御弁は3圧式を採用する。ブレーキシリンダは保守が容易なブレーキダイヤフラムを採用した。

　勾配の多い支線区では蒸気機関車も重連運用が多いことから、DE10形も重連総括制御を採用する。1965（昭和40）年度早期債務と同年度第2次民有車両で新製が予定されている20両のDD51形7次車は、重連総括制御付きの500番代となるので、これと重連運転が可能で、DD53形、DD20形とも重連総括制御運転が可能である。

　車体は大型ディーゼル機関を1基搭載とすることから、運転室を2エンド側に寄せたセミセンターキャブで、DD20形2号機の車体を伸ばしたような形状となる。

　列車暖房用の蒸気発生装置（SG）は、重量バランスを取るために2エンド側のボンネットに搭載される。DD51形に搭載するSG4と共通の部品を使用しつつ、DE10形の使用形態に合わせて形状を変更したので、SG4Bとなった。

　1〜4号機の最初の4両は試作車で、1966（昭和41）年10〜12月に1・2号機は日本車輌、3・4号機は汽車会社で製造され、1・2号機は松山気動車区、3・4号機は一ノ関機関区に新製配置された。試作車が4両も製造されたのは重連総括制御での運用も想定されていたためと、一般向けとA寒地向けでの運用を考慮したものだ。また、量産化に向けて細かい仕様の違いがある。

DE10形のメカニズム

文・写真 ● 高橋政士

DD13形、DD51形と量産されてきた国鉄のディーゼル機関車において、DE10形は最後まで残った9600形や8620形などの蒸気機関車の置き換えという役割を担うため、既存の技術をベースにしながら、特殊な構造を取り入れて開発された。本稿では機関、動力伝達装置、台車、運転台機器について解説する。

① ディーゼル機関

内燃機関の概要

鉄道車両に使用される内燃機関はガソリンを燃料としたガソリン機関と、主に軽油を燃料としたディーゼル機関とがある。ガソリン機関は低速で大きなトルクを得るのは難しく、燃料の引火性も高く扱いづらいことから、鉄道車両では黎明期には使用されたものの、燃料の軽油の引火性が低く、大きなトルクを得られるディーゼル機関が用いられるようになった。

ガソリン機関は燃料を気化器(キャブレタ)で気化させ、そのガスをシリンダに送り込んで、圧縮すると共に点火栓(スパークプラグ)の電気火花によって気化ガスを着火燃焼させる。ガソリンは自然発火しづらく、逆に引火性が高い点を利用した内燃機関である。

対してディーゼル機関はシリンダ内に送り込んだ空気を高比率で圧縮し、高温になったシリンダ内に燃料の軽油を霧状に噴射して自然着火させ燃焼させる内燃機関で、着火させるための電気装置は必要ない。引火性が高いガソリンとは逆に、自然発火しやすい軽油の特性を利用したものである。10℃ぐらいの空気を一気に30,000kPaぐらいまで圧縮すると、約400℃にもなる。ここに燃料を噴射して着火させるが、この際、燃料噴射ポンプは大変な高圧で燃料を送り込む必要があり、機関自体も頑丈に作る必要がある。

ちなみに、ガソリン機関では燃料が自然発火すると不具合が起きるので自然発火しづらい燃料が必要となり、自然発火のしづらさを数値化したものが「オクタン価」となる。逆にディーゼル機関の燃料は自然発火しやすいものが必要となるため、自然発火のしやすさを数値化したものを「セタン価」と呼んでいる。

内燃機関とは

内燃機関は、機関内部のシリンダ内で燃料を燃焼させ、その熱エネルギーでピストンを往復運動させ、回転力を得て機械的な仕事をさせるためのもので、熱エネルギーを発生させる箇所と、熱エネルギーを機械的な仕事に変換する箇所が一体となっている。方法は若干異なるが、飛行機のジェットエンジンなども内燃機関である。

対して熱を発生させる箇所と、機械的な仕事を発生させる箇所が別な蒸機機関のようなものを外燃機関と呼ぶ。

DML61ZAディーゼル機関

概　要

DE10形の心臓部分であるディーゼル機関は4サイクル予燃焼室式。DD51形で使用される連続定格出力809kW(1,100PS)のDML61Zの改良型で、出力を919kW(1,250PS)にアップしたDML61ZAが採用された。DD51形初期車に使用された出力736kW(1,000PS)のDML61Sと比較すると184kW(250PS)も出力がアップしている。

シリンダは12気筒で60度V形に配置され、カム軸はその谷間の中央にあって、両側の動弁(バルブ)機構を動かしている(図3)。吸気はV形の外側から行い、谷間側にベローズ形排気マニホルドがあって、機関後部

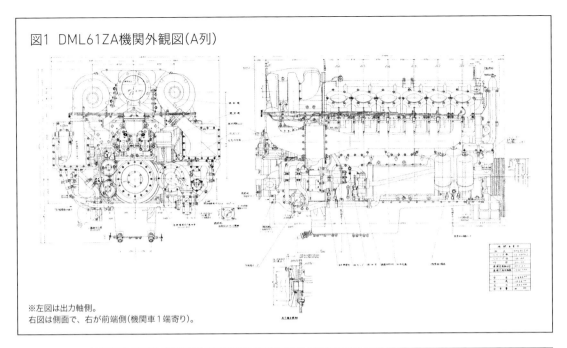

図1 DML61ZA機関外観図（A列）

※左図は出力軸側。
　右図は側面で、右が前端側（機関車1端寄り）。

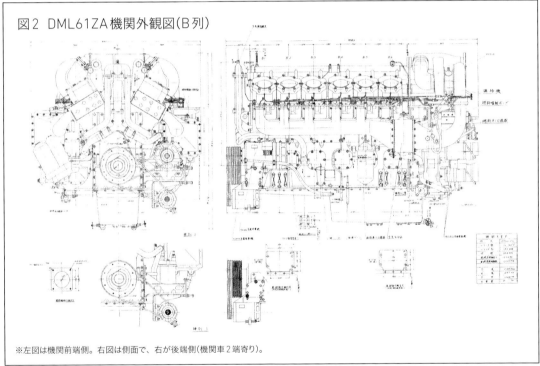

図2 DML61ZA機関外観図（B列）

※左図は機関前端側。右図は側面で、右が後端側（機関車2端寄り）。

に2台設けられている過給器と接続されており、自動車でいうところのツインターボである。

　シリンダヘッドは各シリンダに独立して設けられ、吸気弁と排気弁は各シリンダに2本ずつあり、4バルブとなっている。4個のバルブの中央に

は予燃焼室が設けられている。

　燃料噴射ポンプはV形に6気筒ずつ2列に分かれたシリンダに対してそれぞれ2台が設けられている。燃料噴射制御装置は4個の電磁コイルによって調整し、調速機（ガバナ）は全速調速機を採用している。

　出力軸のある機関後部には調時歯車（タイミングギア）室があり、クランク軸に設けられたギアによって、カム軸、燃料噴射ポンプ、水ポンプ、潤滑油（エンジンオイル）ポンプ、調速機を駆動している。シリンダブロック下部、クランクケースの下

に取り付けられた油受（オイルパン）は、温油ダメと冷油ダメに分かれていて、冷油ダメの潤滑油機関で内部を潤滑冷却したあとに温油ダメへと落ちる。温油ダメの潤滑油は冷却装置に送られて冷油ダメに戻る。クランク軸後端には出力軸があり、サンドウィッチゴムカップリングを介して出力している。なお、後に強出力型となる993kW（1,350PS）のDML61ZBディーゼル機関が開発された。こちらについては後述とする。

構　造

シリンダ体、クランク室

シリンダ体（シリンダブロック）とクランク室は特殊鋳鋼製で一体として作られている（図4）。シリンダ体は60度V形で前端面（出力軸のない側）には油止めフタ、後端面には調時歯車室があり、上部にはシリンダヘッドが取り付けられる。さらにV形の谷間上部にはクランク室上部フタがあり、下部にはクランク室底フタと油受が取り付けられる。V形の谷間底部にはカム軸が通っており、吸排気弁を開閉させる弁押棒（プッシュロッド）が通る通路と、カム軸の真下には潤滑油のクランク室注油主管も一体で鋳造されている。

12個のシリンダは機関前端から見て左側をA列、右側をB列として手前から順に1・2・3・4・5・6と番号が振られている。また、クランク軸に連接棒（コンロッド）を連結する関係で、A列はB列に対して後端寄りに50mmずれている。各シリンダ側面には連接棒とクランクシャフトの点検ができるように、クランク室内点検用の覗き窓がある。

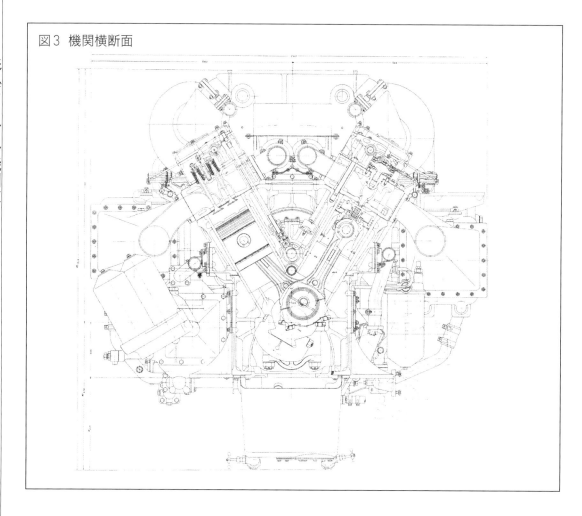

図3　機関横断面

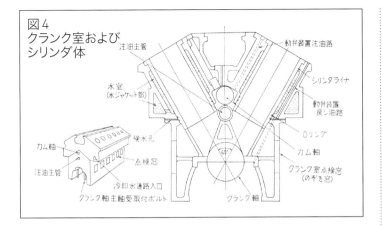

図4
クランク室および
シリンダ体

各シリンダには湿式のシリンダライナが上側から圧入されている。シリンダライナは耐熱耐摩耗性を兼ね備えた特殊鋳鋼製で、内面はピストンが高速で摺動するため、精密なホーニング加工仕上げとなっている。ホーニング加工とは回転する砥石で円筒内部を磨く加工のことをいう。

シリンダライナとシリンダ体の間は水ジャケット部となっており、機関冷却水が導かれてシリンダライナを直接冷却している。

上部はシリンダヘッドで固定されているため、熱膨張はクランク軸側に伸びることで吸収されている。シリンダライナの水ジャケット部下部にはOリングが2本はめられていて水漏れを防いでいるが、水漏れがあった際には2本のOリング間のシリンダ体に水漏れ知らせ穴（検水孔）があり、そこから冷却水が漏れてくることで水漏れを検知できる。

ピストン

ピストンはシリンダ内の燃焼ガスの圧力を受け止め、常に激しい往復運動を行い、連接棒を通してクランク軸にその力を伝える重要なパーツである（図5）。そのため慣性はできるだけ小さく、放熱のためにも熱伝導性が良いことが求められる。素材は、耐熱アルミニウム合金鍛造品の本体

上部に、高温下で軟化性を抑える合金鋼の高速度炭素鋼の頭部とを、中央のネジによって一体的に組み立てた「鋼製クラウンピストン」が用いられている。

ピストン頭頂部中央には予燃焼室からの燃焼ガスを燃焼させる主燃焼室の窪みが設けられ、その周囲にはピストンが上死点に達した時に吸排気弁を避けるための逃げ（窪み）が設けられている。また、頭頂部には鋼製クラウン部を外す際に使用する2個のネジ穴がある。上死点に達した時にシリンダヘッドに対する隙間（トップクリアランス）は2mmとなっている。

ピストン直径は下部より上部の方が若干小さく製作されている。また連接棒と連結するためのピストンピ

ンが入るため横方向に貫通穴がある。スカート部は楕円形に仕上げられており、機関運転中の熱膨張によって真円になるように製作されている。

ピストン冷却油は連接棒にある油通し穴によってピストン内部に導かれ、鋼製クラウン部の中央ねじ部にある給油口金具が連接棒と摺動することで給油を受けピストン内側に流している。ピストン内側を冷却した油はピストンのスカート部からクランク室へと戻る。

ピストンと連接棒を連結するピストンピンは、ピストンには圧入しない全浮動式となっていて、ピストンピン挿入後は両側にスナップリングを入れて脱出を防止している。このような構造としているのは、連接棒とピストンピンが固着した場合でも、ピストンピンの焼き付きを防ぐためである。しかし、ピストンとピストンピンの隙間はわずかであるため、冷温状態での挿入、抜き取りを行う際には、必ずピストンを100〜120℃の油中に浸して膨張させてから行う必要がある。

ピストンリング

ピストンは単体ではシリンダライナ内壁と密着性を保つことは不可能なので、ピストンリングを用いてシ

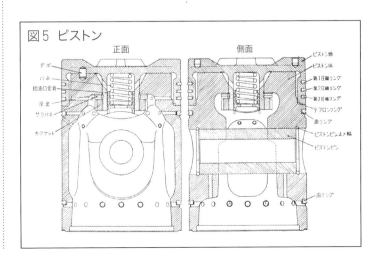

図5　ピストン

リンダ内の密閉性を保っている。ピストンリングは圧縮リングと油リングの2種類が使用されており、いずれも角形断面の特殊鋼製となっている。リングといっても自己の弾性(バネ性)を利用してピストンとシリンダライナの隙間を塞ぐため、1カ所を切り取ったC形をしており、この部分を「リング合口」と呼ぶ。

圧縮リングは3本でピストン上部にあり、ピストンとシリンダライナの隙間を塞ぎ、シリンダ内で圧縮された空気や燃焼ガスが漏れるのを防ぎ、ピストンに加わる熱の大部分をシリンダライナに伝える大事な役目を持っている。このうち一番上の第1圧縮リングは最も摩耗するため、摺動面にクロームメッキを施し、第2・3リングもリン酸塩処理をして耐摩耗性を向上している。

リング合口は0.5~0.8mmが最適とされ、この部分が少ないとピストン焼き付きの原因となり、多いと圧縮漏れによって出力の低下や、潤滑油が燃焼室に入り込んで燃焼し、潤滑油減少などの不具合が発生する。このため摩耗などにより合口が2mm以上になった場合は交換が必要である。

油リングは2本で、それぞれピストンピンの上下部分に取り付けられている。単純な形状の圧縮リングに対して、油リングは外周に油ミゾが彫ってあり、さらに油ミゾには円周方向に貫通穴が穿たれている。ピストンの往復運動に伴ってシリンダライナ内壁の潤滑油を適度に掻き取り、油ミゾからピストン本体に開けられた穴を通してピストン内部に送り込み、クランク室に戻る。

連接棒

一般的には「コネクティングロッド」と呼ばれ、略して「コンロッド」という呼び名もなじみがある。ピストンの往復運動をクランク軸に伝達する部品である(図6)。

ピストン側のピストンピンが入る側は小端(=スモールエンド)と呼ばれ、クランクピン側は太端(=ビックエンド)と呼ばれている。太端側は製造と分解組立を容易にするため、45度の斜め割になっていて、合口には組立時の間違いがないようにするためと、確実に締め付けるためにセレーションが切ってあり、2本のボルトで締め付ける。

高速で回転しながら常に圧縮、引張、曲げモーメントが加わるので、I形断面のニッケルクローム鋼型打鍛造製として作られている。AB列とも同じ構造のものとしてあり、V型機関のA列、B列を前後50mmずつずらすことで同一のクランクピンに並んで取り付ける並置式(サイドバイサイド方式)となっている。

DML61ZA機関の出力増大に伴って、DML61Z用のものより軸受部の面圧上昇に対処するため、太端部分を5mm厚く(幅を広く)してある。さらに面圧を下げるため太端とクランクピンの接触部分に設けられる油ミゾは1/4周に設けられており、連接棒内部にも小端まで油穴が貫通している。クランクピン側の油穴は直角となるように穿ってあり、DML61Zでは上死点時に水平になる貫通穴だったものとは異なっている。

クランクピンから供給された潤滑油は、太端の油ミゾに入り、連接棒に上向きの慣性力が加わっている時のみ連接棒内部の油穴に送り込まれ、小端部を通してピストン内側の冷却に用いられる。連接棒に下向きの慣性力が加わっている際には潤滑油が落ちないようにされている。この油穴は1968(昭和43)年度5次債務車(127・551・1001号機)から、180度方向にも追加されている。

太端に使用される軸受メタルは、DML61Zではケルメット(銅と鉛の合金)を使用したトリメタルが使用されていたが、焼損事故が多かったためDML61ZAでは対疲労度がケルメットの約2倍となる、アルミニウムと錫の合金であるアルミメタルA20(数字は錫の含有量)が採用された。しかし、同時期に耐摩耗性に優れた鋳造ケルメット(KJ4)も開発されたためこちらも試用され、後にKJ4がDML61ZBで採用されている。

クランク軸

連接棒を介して伝えられたピストンの往復運動を、回転運動に変える機関の出力軸となる部品。ピストンの爆発圧力、回転部分の慣性力、ねじり振動などの作用を常に受けるた

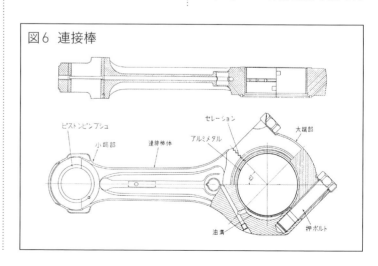

図6 連接棒

ピストンピンブシュ　小端部　連接棒体　セレーション　アルミメタル　太端部　油溝　押ボルト

め、もっとも歪みの生じやすい部品である。このため、それらの応力に十分耐えるため高速度炭素鋼一体鍛造で作られている。さらにクランク主軸、クランクピン平行部など高周波焼入れを施して、硬度を高めると共に強度を確保している。

クランクピン平行部はDML61Zでは112mmだったが、ZA機関では連接棒太端部を5mm厚くしたことから、10mm広げ122mmとしている。回転質量の軽減と、クランクアーム部の応力集中を避けるためクランクピン内部は中空になっており、運転中の慣性力による軸受面圧力軽減のため、クランクピンと相対位置にツリアイオモリ（バランスウェイト）が設けられている。

また、クランク軸内部にはクランク軸主軸受からクランクピン部に向かって油穴が斜めに貫通していて、主軸受とクランクピンを潤滑したあと、連接棒を通ってピストンを冷却している。

クランク軸のクランク室への取り付けは、シリンダ体から出されたクランク軸主軸受取付ボルトに7個の主軸受が設けられ、それによってクランク室に支えられている。

クランク軸前部は補機駆動用回転軸フランジとなっていて、Vベルトプーリ軸が取り付けられ、その手前には油切り板があって潤滑油の漏出を防いでいる。後部はクランク軸歯車と出力フランジがあり、始動大歯車が取り付けられ、さらにサンドウィッチゴムカップリングを介して出力軸（第1推進軸）となっている。

クランク室息抜き管

クランク室はシリンダからのガス漏れがあり、これによって内圧が高くなるとクランク軸フランジ部から潤滑油が漏れ出す。これを防ぐためにクランク室上部フタに、スチー

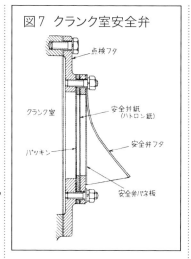

図7　クランク室安全弁

点検フタ
クランク室
安全弁紙（ハトロン紙）
パッキン
安全弁フタ
安全弁バネ板

ルウールの油切りを付けたクランク室息抜き管が設けられており、ボンネット上に圧力を逃がしている。

また、クランク室B列側第2・5覗き窓には安全紙とバネ板で構成されたクランク室安全弁が取り付けられており、クランク室息抜き管の閉塞や、ピストンの吹き抜けなどによってクランク室圧力が急上昇した場合は、これによって安全が確保されている（図7）。

しかし、実際にクランク室圧力が異常上昇した際は、安全弁が機能する前に後述のシリンダヘッド点検蓋が飛散することが多いので、1968（昭和43）年本予算車（47・520号機）以降はシリンダヘッド点検フタが飛散することを防ぐ、シリンダヘッド押え板が設けられたので、この安全弁は廃止された。

シリンダヘッド

シリンダ上部に取り付けられるもので、燃料噴射ノズル（燃料噴射弁＝インジェクタ）、予燃焼室、空気の吸入と燃焼ガスの排出を行う吸排気弁（動弁機構）などが組み込まれている。下面には吸排気弁用の弁座がある（図8上）。特殊鋳鋼製で、ガスケットパッキンを介して10本のボルトで

シリンダ体に取り付けられている。

予燃焼室（図8下）はシリンダヘッド上部から差し込まれるように中央に取り付けられており、先端にはシリンダ内に向けて直径4mmの噴口が6個、120度間隔で放射状に開けられている。その上部には燃料噴射器が取り付けられる。燃料噴射器下部には予燃焼室に向けて燃料噴射ノズルが取り付けられ、予燃焼室周囲と吸排気弁座周囲には水室があり、案内によって冷却水が効率よく予燃焼室を冷却し過熱を防いでいる。

なお、排気弁座付近にはシリンダヘッドを貫いて検爆孔が貫通しており、このネジを緩めることで機関運転中の炎の色で燃焼状態を確認できると共に、ここに圧力計を取り付けることでシリンダ内の圧縮圧力を知ることができる。

シリンダに空気を吸入して圧縮されると、まず予燃焼室の噴口から、予燃焼室内へ急激な空気の流れが発生する。ここへ高圧の燃料を予燃焼室に噴射すると一部の燃料は着火し、予燃焼室内の圧力は急激に上昇する。圧力上昇により噴口から逆にシリンダ内に向けて燃焼ガスと未燃焼の燃

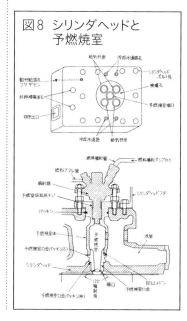

図8　シリンダヘッドと予燃焼室

料が噴射されることになり、ここで圧縮された空気と混ざり合って未燃焼ガスが燃焼を始め、膨張するエネルギーによってシリンダを押し下げる。

予燃焼室の圧力上昇がシリンダ内より若干遅れるため、燃料噴射圧力がやや低くても燃料の噴射が可能なのが予燃焼室式の利点である。効率的にはシリンダ内に直接燃料を噴射する直接噴射式が理想だが、燃料噴射ポンプの噴射圧力を増大させることが難しく、鉄道車両で実用化されるのは後年になってからである。

調時歯車室

機関後端に設けられるカム軸をはじめ、機関に付属する機器を駆動するための歯車を納めた部屋である（図9）。「ちょうじはぐるま」とは耳慣れない言葉だが、タイミングギアのことである。

クランク軸にはクランク軸小歯車があり、同軸に始動大歯車が取り付けられている。始動大歯車には2個の始動電動機ピニオンが噛み合っていて、機関始動の際に使用する。カム軸大歯車には同軸にカム軸小歯車が設けられており、カム軸小歯車に被さるように内スプラインのタイマ歯車が噛み合っている。

タイマ歯車の外側はヘリカルギアになっており、左右に燃料ポンプ駆

動歯車が噛み合って燃料噴射ポンプを駆動している。また、カム軸大歯車と噛み合った調時遊ビ歯車（中間歯車）を介して調速機歯車と水ポンプ・油ポンプ駆動歯車が噛み合い、それぞれを駆動している。

回転比と機関回転数1,500rpm時の回転数は以下のように設定されている。

- クランク軸大歯車
  回転比1（1,500rpm）
- カム軸大歯車
  回転比0.5（750rpm）
- カム軸小歯車
  回転比0.5（750rpm）
- タイマ歯車
  回転比0.5（750rpm）
- 燃料ポンプ駆動歯車
  回転比0.5（750rpm）
- 調時遊ビ歯車
  回転比0.943（1,415rpm）
- 調速機歯車
  回転比1.467（2,200rpm）
- 水ポンプ・油ポンプ駆動歯車
  回転比1.47（2,206rpm）
  試作車は回転比1.56（2,340rpm）

カム軸

動弁機構を駆動するための駆動軸（図10）。前述のようにV形シリンダ体の谷間の部分にあり、調時歯車室にあるクランク軸歯車に噛み合った

カム軸大歯車によって駆動され、回転数はクランク軸の1/2で、回転方向は軸とは逆になっている。伝えられた回転はカム軸にあるカムからタペットを介し弁押棒（プッシュロッド）へ伝えられ、弁テコ（ロッカーアーム）により吸排気弁を駆動する。

大変細長い軸なので前軸と後軸に分かれており（図10下）、6本のリーマボルトによって一体結合している。材質は炭素鋼でカム部分と、7カ所の軸受表面には高周波焼入れが施され研磨仕上げとなっている。

動弁機構

シリンダ内の密閉や燃焼に必要な空気の吸い込みと、燃焼ガスの排気を行う吸排気弁を動かすための機構で、カム軸によって駆動されている。吸排気弁は各シリンダに2個ずつあり、4バルブ方式である。

動弁機構はDD13形後期車のDMF31SB機関のものとほぼ同様で、カム軸のカムにはコロ式のタペットがあり、カムの動きによって弁押棒（プッシュロッド）を押し上げ、弁押棒は弁テコ（ロッカーアーム、弁腕とも呼ぶ）を押し上げる。弁テコはシーソーのような構造になっており、伝えられた動きに従って、2個ずつの吸排気弁を同時に開閉させる弁押金具を押し下げ、弁バネに逆らって吸排気弁

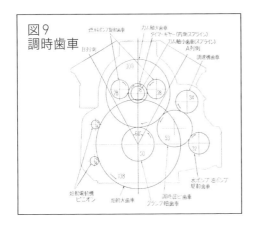

図9
調時歯車

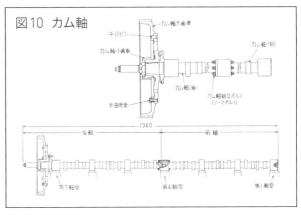

図10　カム軸

を開閉させている（図11）。

　吸排気弁と弁テコの間にある吸排気弁端隙間（バルブクリアランス）調整はカム軸の基本円部分にタペットがある時に手動で行うが、一部のDML61ZA機関では自動隙間調整装置が試用されているものがあり、DML61ZB機関では油圧式の自動隙間調整装置が採用されている。

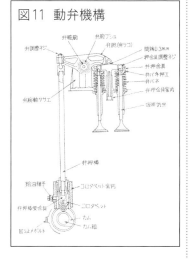

図11　動弁機構

潤滑と潤滑油

　動弁機構の潤滑は、クランク室注油主管からコロタペットを支えるコロタペット案内を潤滑する一方、シリンダ体に鋳込まれた油道を通ってシリンダヘッドへ導かれ、弁テコ支えから弁テコ内部へ送り込まれ、内部の油道を通って弁テコ先端まで導かれ、そこから噴出して弁押棒と給排弁との接触部を潤滑する。

　このように動弁装置からは潤滑油のミスト（霧）が飛び散るので、動弁機構はシリンダヘッドフタによって完全密閉されている。また、上部には油密を保った取り外し可能な点検窓があり、シリンダヘッドフタを取り外

　さなくとも点検ができるようになっている。

　なお、クランク室息抜き管の項で述べたように、このシリンダヘッド点検フタ飛散を防ぐためクランク室安全弁が設けられていたが、シリンダヘッド押え板が設けられたことで安全弁は廃止された。

吸排気装置

　燃料の燃焼に必要な空気を濾過する空気清浄器と、機関へと導く吸気マニホルド、燃焼後の排気ガスを機関から放出するための排気マニホルドを合わせて吸排気装置と呼ぶ。

空気清浄機

　空気中に含まれる塵埃や過剰な水分などを分離するためのもので、1エンドボンネットの運転室寄りにA列、B列用に分かれて左右に設置されている。DD13形では気動車用の油槽式が用いられていたが、DE10形の試作車4両では、DD51形の改良型とともに、濾紙式など3種類のものが試用された。試用の結果、量産車では円筒形の濾紙式が採用された。

　ボンネット側面には雨水などの侵入を防ぐヨロイ戸があり、その内側には電気機関車などでも採用されているビニロックフィルタがあり、大きな塵埃と水滴の侵入ははここで防いでいる。ボンネット内には小部屋が設けられ、その内部に円筒形のフィルタが水平に取り付けられている。

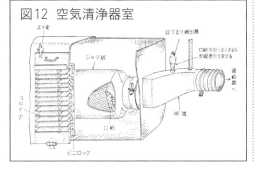

図12　空気清浄器室

　ビニロックフィルタ側にはフィルタの全周から空気を吸い込むためと、水分の分離などを考慮してジャマ板が設けられ、フィルタの全周から吸い込まれた空気は風道を通って過給器に送られる（図12）。

　濾紙製のフィルタはある程度使用すると目詰まりするため、その度合いを知るために、大気圧と風道内の圧力を比較して目詰まりを知らせる、目詰まり検出器が風道部分に設けられている。

　目詰まり検出器本体は下部内筒が透明になっており、目詰まりが進行して風道内の圧力が大気圧より低くなると、内筒部分に赤く塗られた指示円筒が下がって見える。

　この指示円筒はある程度下降すると、内部の止め棒の段差部分が止め板に引っかかり、機関停止中でも指示円筒の表示が確認できる。フィルタ交換後は目詰まり検出器本体上部にある押棒を押すと、止め棒の引っかかりが解除されて表示をリセットできる。

吸気マニホルド

　空気清浄器、過給器（ターボチャージャ）、給気冷却器（インタークーラ）を通ってきた空気をシリンダへ導くための部品。V形機関の外側に取り付けられている。

　軽量化のためアルミニウム合金製で、片側6シリンダ分の一体鋳造品となっている（図13）。シリンダヘッドへは各シリンダに対して、ガスケットを介して4本ずつのボルトで取り付けられている。A列とB列は勝手違いになるためと、過給器の空気吐出口がA列とB列では45度ずれており、

図13　吸気マニホルド

給気冷却器の取付位置が異なるため、この部分の形状もA列とB列では異なっている。

排気マニホルド

シリンダからの排気ガスを過給器まで導くための部品。V形機関の谷間側に取り付けられている。

常に高温にさらされるので吸気マニホルドとは違って鋳鉄製で、排気干渉を避けるために1・2・3シリンダ用と、4・5・6シリンダ用の2群に分けられており、掃気効果を高めている(図14)。機関運転中は高温になるので、冷間時と高温時の温度差による熱膨張を吸収するため、各排気口の間はステンレス製の排気ベローズ管によって連結されている。また、排気マニホルド自体が高温になるため、全体を遮熱オオイで覆っている。

5号機以降の量産車ではベローズ支えを試作車の1カ所から3カ所に増設。遮熱オオイも二分割として脱着を容易にしている。27号機以降では排気ベローズ管の縮みピッチを4山から6山に変更し、振動による亀裂の抑止を図ると共に、使用期限延長が試みられている。

図14 排気マニホルド

消音器

排気煙突からの騒音を低減するために設けられるもので、従来のDD13形やDD51形のものとほぼ同じ構造を採用している。

排気マニホルドから過給器を通った排気ガスは、消音器入口から内部に入り、穴の開いたパイプを通りながら、徐々に消音器内で膨張する。この膨張する際に排気ガスの脈動が軽減されて騒音が減少する仕組みになっている。

消音効果は消音器の容積に比例するので、艤装上可能な限りの大きさの消音器が設置される。DE10形では吸気フィルタの内側、ボンネット上部から吊り下げられるような形で設置され、消音器自体が高温になることから断熱材で覆われている。

消音器を通った排気ガスは、運転室1エンド寄り車体中心に設けられた排気煙突から大気中に放出される。排気煙突自体も高温になるため、排気煙突オオイが取り付けられており、DD11形後期型以来のボンネットタイプの国鉄ディーゼル機関車の共通デザインとなっている。

過給器

内燃機関ではシリンダ内の空気量を多く(密度を高く)することで出力の増大が図れる。そこで自然吸気式より空気密度を高めるため、シリンダ内に強制的に空気を送り込むための機器を過給器と呼んでいる。

過給器には機械的に駆動されるものと、排気ガスによって駆動されるものがある。内燃機関の排気ガスには、燃料の持つ熱量の約33%が含まれているといわれ、機械駆動のものだと機関出力は過給器を回転させるためにも使われ、排気ガスはそのまま損失になってしまうが、排気ガスによって駆動されるものであれば、排気ガスの持つエネルギーを有効活用できる。

このようなことから鉄道車両のディーゼル機関では、排気タービン式の過給器(ターボチャージャ)が用いられている。排気タービン式であれば、機関の負荷に自動的に対応が可能で、排気ガスの持つエネルギーの約25%を回収できるとされている。同時に排気ガスの脈動を吸収することができるので、排気による騒音も低減できる利点もある。

DML61ZAではイギリスのナピア社と、新潟鐵工所の技術提携による、ニイガタ–ナピア製のTB19が用いられた。DML61Zで比較的初期に採用された軸流(アキシャル)式とは異なり、TB19は幅流(ラジアル)式を採用している。A列、B列用に各1台が使用され、機関後方にある支持台に防振ササエを介して取り付けられる。なお、DD51形も11次車(577号機)から幅流(ラジアル)式に変更されている。

内部は吸気側のブロワーケース、軸受などが入るセンターケース、排気側のタービンケースの3個に分かれている。排気タービンは前述のように幅流(ラジアル)式で、排気タービン円周方向の排気ガス入口からタービン室に入った排気ガスは、ノズルリングを通りタービンを回転させた後に、軸方向の排気ガス出口から消音器に向かって排出される。回転力は直結された遠心式ブロワを回転させ、軸方向から空気を吸い込み、円周方向に空気を圧縮。空気吐出口から給気冷却器へと送り込んでいる。

過給器の軸受

センターケースには軸受があるが、非常に高速回転(標準回転速度38,000rpm)を行うことから浮動スリーブ式の特殊平軸受が採用されている。軸受は軸受箱に外側軸受メタルがあり、その中に内側軸受メタルがある。内部にはシャフトスリーブが通っていて、その中をシャフト(軸)が通っている。

内側軸受メタルはシャフトスリーブと外側軸受メタルとの間で浮動して空転しているので、滑り面の油膜は二重になっている。運転中は機関潤滑油が内側軸受メタルの両面に油膜を作り、油膜の中で浮いたように回転することから「浮動スリーブ軸受」と呼ばれている。このような構造のため、内側軸受メタルはシャフ

トより遅い回転数で回転することになり、長時間の運転にも耐えられる構造となっている。

以上のような構造から、通常の平軸受けより軸受クリアランスが大きく、機関停止時にはガタがあるのが特徴で、故障と間違えないように注意喚起されている。

給気冷却器

過給器と吸気マニホルドの中間に設けられるもので、一般的にはインタークーラ（IC）と呼ばれる。過給器で圧縮され高温になった空気の温度を下げ、シリンダへ送る空気密度を高める役割をしていて、A列、B列用に独立して1個ずつ設置されている。

DML61ZAではDML61Zと同じEX11Aが用いられ、全アルミニウム合金製で溶着によって組み立てられ、内部は熱交換通路の冷却フィンが無数に設けられている。冷却は水冷で、下部に水入口と水出口があり、冷却フィンの半分は冷却水が下から上へ、残り半分は上から下へ流れることで通過する空気を冷却している。

冷却はDML61Zでは機関冷却水回路と同一であったものを、DML61ZAではIC回路を独立させ、IC冷却水専用水ポンプから送られた冷却水はA列、B列に並列に送られ、吸気冷却器を出た冷却水はIC専用の放熱器素子（片側3本ずつ）に送られ、冷却されてIC用冷却水タンクに戻る。

このようにIC冷却水を独立させて吸気冷却効率を高め、TB19過給器の回転速度向上と相まって機関出力の向上が実現した。

燃料供給装置

燃料供給系統

燃料タンクからの燃料油管は、機関用と蒸気発生装置、または機関予熱機用と独立した回路になっている。

燃料油管は燃料タンク下部に接続されており、燃料タンク出口チリコシを通り、燃料噴射ポンプの側面に付帯して設けられている燃料供給ポンプによって吸い上げられる（図15）。燃料噴射ポンプはA列、B列用があるため、燃料供給ポンプも2組ある。

二手に分かれた燃料はここから一つにまとまり、第1燃料油コシを通り機関B列後端寄りの給気冷却器上にある燃料補助タンクに送られる。そこから第2燃料油コシを通ってT型継手体で再び二手に分かれ、A列、B列用燃料噴射ポンプに圧送され、燃料高圧管を経て燃料噴射ノズルから予燃焼室内に噴射される。

なお、T型継手体は流量計を取り付けることができ、燃料消費量の測定が可能となっている。

燃料タンク

運転室床下に設置されている。外観からは1個のように見えるが、床下中央には液体変速機の出力軸があるため左右2個に分かれていて、なおかつ出力軸から台車へ動力を伝達する推進軸が、車体中心線上から170mm右にずれている（運転室から1エンドを上に見た時）ため、左右で形状と容量が異なっている。

左右に別体となっているが、それぞれの燃料タンクは2インチガス管による2本の連通管によって通じており、左右どちらの注油口から給油しても問題ない。どちらからも燃料量を確認できるように、それぞれの燃料タンクに油面計が設けられている。

なお、機関、蒸気発生装置、機関予熱器とも左の燃料タンクから燃料供給される（図16）。下部には燃料中に混ざった塵や水分などの異物を溜める泥ダメがある。

容量は1〜4号機の試作車は左が1,850L、右が1,200Lの合計3,050L

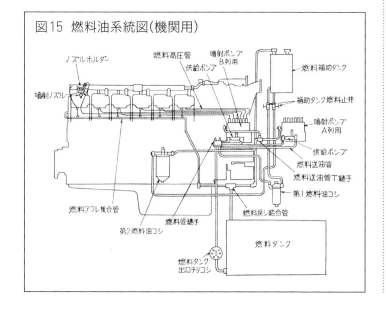

図15　燃料油系統図（機関用）

ノズルホルダー
燃料高圧管
噴射ポンプ B列用
供給ポンプ
燃料補助タンク
噴射ノズル
補助タンク燃料止弁
噴射ポンプ A列用
供給ポンプ
燃料送油管
燃料送油管丁継手
第1燃料油コシ
燃料アフレ集合管
第2燃料油コシ
燃料管継手
燃料戻シ結合管
燃料タンク
燃料タンク出口チリコシ

だったが、運用実績などから量産車では左が1,520L、右が1,060Lの合計2,580L（200Lドラム缶13本弱）となった。

燃料補助タンク

燃料噴射ポンプへ燃料を供給するため、燃料中の気泡などを除去するとともに、円滑に供給を行うために設けられている。容量は試作車では12Lだったが、量産車では18Lに変更された。燃料供給系統で一番高いところに設置されており、最初の燃料供給はここから行い、燃料系統の空気抜きを行う（図15・16）。

燃料供給ポンプが燃料消費量より多い燃料を燃料補助タンクに供給しているため、タンクには調圧弁があり、内部圧力は常に160kPaを保ち、燃料噴射ポンプへ燃料を圧送し、燃料噴射ポンプが空気を吸い込まないようにしている。160kPa以上になると調圧弁の作用により、余分な燃料はアフレ管を通じて燃料タンクへ戻される。

側面にはほぼ中央に知ラセ板のある油面計があり、燃料供給ポンプからの燃料管がこの裏側に通じている。送られてくる燃料油は脈動しているため、燃料が供給されている時はこの知ラセ板が振動するので、燃料供給ポンプの動作が確認できる。内部が燃料油で満たされると油面計の確認がしづらくなるため、上部にわずかな空気層が残って油面を確認できるようになっている。

燃料油コシ

燃料供給系統には2種類の燃料油コシ（燃料フィルタ）がある（図15・16）。

第1燃料油コシは燃料供給ポンプと燃料補助タンクの間にあり、オートクリーン式が使用されている。ケース内部には薄い金属板のコシ板（エレメントプレート）と隔テ板（スペーサプレート）が交互に積層された集合体があり、燃料はこの外周から内周にかけて通過する際に、コシ板と隔テ板の隙間より大きい塵埃が除去されるようになっている。フィルタは200メッシュ相当。

コシ板と隔テ板は中央の回転軸（スピンドル）に固定されており、この間にはカキ板（スクレーパプレート）がケース側に固定された状態で挟まっている。フィルタに塵埃が付着した場合は、上部のハンドルを回すことで掃除ができ、掃除は仕業検査ごとに行えばよいとされる。塵埃はケース下部に溜まるので、必要に応じて下部のドレンプラグを緩めて排出する。なお、DE10形1056・1509号機からは改良型燃料油コシに変更された。

第2燃料油コシ

第2燃料油コシは燃料補助タンクと燃料噴射ポンプの間にある。こちらはより細かい塵埃を除去するため、500メッシュ相当の濾紙式を採用している。メッシュとは1インチの間に網目が何個あるかを示す数値で、大きい方がより細かい塵埃を捕捉できる。

第1燃料油コシは掃除可能で、フィルタ本体は半永久的に使用できるが、第2燃料油コシの濾紙は交換が必要。濾紙の目詰まりによって入口側と出口側で約150kPaの圧力差が生じると、本体上部に設けられた口詰まり表示器の指針が現れて目詰まりを知らせる。

燃料供給ポンプ

床下の燃料タンクから燃料油を吸い上げ、燃料補助タンクに送り、さらに燃料噴射ポンプに圧送する役割を持つのが燃料供給ポンプ（フューエルフィードポンプ）である（図15・16）。燃料噴射ポンプの側面に取り付けられており、燃料噴射ポンプの動力源となっている噴射ポンプカム軸によって駆動される。

内部には中央に往復運動のどちらでも作用する複動式ピストン、その前後に吸込弁と送出弁が2組あり、複動式ピストンがカム軸によって往復運動すると、燃料油は連続的に燃料補助タンクに送り出される。

燃料補助タンク内圧力を維持するため送油圧力は約200kPaで、送油圧力が500〜600kPaになると、燃

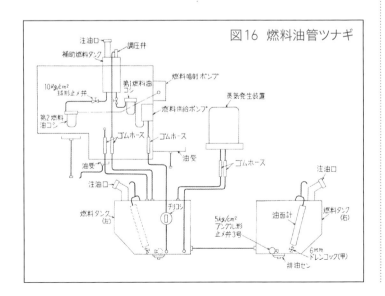

図16 燃料油管ツナギ

料油圧力によって複動式ピストンの戻しバネが圧縮された位置で停止し、カム軸からの動力が伝わらないようにして送油を停止する調整行程という作用を持っている。

　なお、燃料供給系統に最初の燃料を送り込む際に、空気抜きを行うための手動ポンプも併設されている。燃料中に空気が混ざっていると、燃料噴射ポンプで燃料の圧送に不具合が生じるので、空気抜きは完全に行わなければならない。

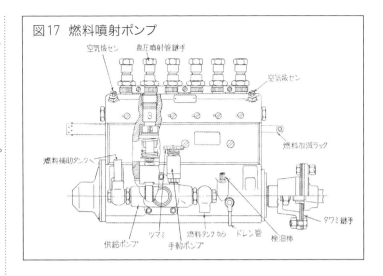

図17　燃料噴射ポンプ

燃料噴射ポンプ

　燃料供給ポンプから圧送された燃料は第1燃料油コシ、燃料補助タンク、第2燃料油コシを経由して燃料噴射ポンプ（インジェクションポンプ）に送られ、ここで噴射量を加減して燃料高圧管を経て予燃焼室へ送られる（図15）。ボッシュ型の6筒連成型がA列用とB列用に2台使用されている（図17）。

　燃料噴射ポンプ下部には駆動用の燃料ポンプカム軸が通り、このカム軸はタワミ継手を介し、調時歯車室の燃料ポンプ駆動歯車によってクランク軸回転数の1/2の速度で回転している。内部には6個のプランジャがあり、各プランジャはプランジャバネとタペットローラを介して、カム軸のカムと接触しており、機関のカム軸と似たような構造となっている。

　プランジャ中ほどには、燃料噴射量を調整するための燃料加減ラックが本体を貫通するように設けられ、燃料ポンプカム軸の潤滑は本体下部に入れられた潤滑油で行う。

　2台の燃料噴射ポンプは同一構造だが、A列とB列では背中合わせに並んで取り付けられている。このためB列側は駆動軸側と本体側面を組み替えた構造として、逆向きに設置してある。燃料ポンプ駆動軸の回転方向は同じであるため、A列とB列用は逆

向きに回転していることになり、噴射順序が異なるので燃料高圧管の取り付け順序が異なっている。燃料加減ラックの動きも逆になるため、燃料噴射ポンプリンク装置によって動きを逆向きにしている。燃料供給ポンプは点検に便利なように、機関両側になる面に取り付けられている。

プランジャの構造

　噴射ポンププランジャはプランジャバレルの中でプランジャが往復運動することで燃料を圧送する。プランジャバレルの側面には吸込口があり、その向かい側に逃シ口がある（図18）。プランジャは特殊な形状をしており、頭頂部直下から外周部にらせん状に斜めの切り欠きがあり、さらに頭頂部から縦ミゾが切ってある。プランジャバレル上部には逆止メ弁（逆止弁とも呼ぶ）を兼ねた吐出弁がある。

　プランジャが最下部にある時は吸込口と逃シ口が通じている状態で、この時は燃料供給ポンプ（燃料補助タンク）から圧送されている燃料

がプランジャバレル内を満たした状態になっている。ここでカム軸の回転によりプランジャが上昇行程を始め、吸込口と逃シ口を塞ぐと燃料が加圧され、上部にある吐出弁が開口し、吐出弁の送り出し作用で燃料高圧管に圧送される。

　プランジャが上昇行程を続け、プランジャ下部の斜め切り欠き部分が逃シ口と合致すると、加圧されていた燃料はプランジャ縦ミゾを通し逃シ口へと流入するため、プランジャ内圧力は急減圧し、吐出弁は戻しバネの圧力によって閉塞。ここで燃料の噴射は停止するが、わずかながら吐出弁から燃料がプランジャ側に戻る吸い戻し作用によって、燃料高圧管の圧力を低下させ、燃料噴射ノズルの油切れを良くしている。

　このように燃料の噴射量はプランジャの回転角度によって決まるので、

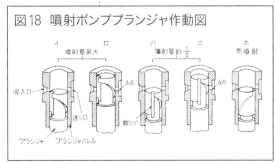

図18　噴射ポンププランジャ作動図

プランジャ下部にはピニオンを設け、それと噛み合った燃料加減ラックが調速機（後述）からの指令によってプランジャの回転角度を決定し、燃料の噴射量が決まる。プランジャ縦ミゾが逃シ口と一致している時は、燃料ポンプが稼働していても燃料の噴射は行われないので機関は停止する。

燃料中の空気と塵埃除去

高い圧力で燃料を圧送する必要があるので、燃料中に空気が混ざっていると所定圧力で圧送できなくなり、出力不足や機関停止の不具合が発生する。このため燃料中の空気抜きはディーゼル機関では重要になっている。また、プランジャは大変精密にできているので、燃料中に小さな塵埃が混入していると燃料噴射ポンプの不具合につながるため、目の細かい燃料コシが設けられている。プランジャの潤滑は燃料の軽油によって行われる。

なお、手動レバーも設けられており、運転室ではなく機関側で始動と停止、回転数の調整をできるようにしている。また、何らかの原因によって調速機と燃料加減ラックとの縁が切れた時に機関が過速運転にならないように、燃料減となるように燃料加減ラックを動かす過速防止装置が設けられている。

燃料高圧管

燃料噴射ポンプから燃料噴射器へ燃料を送る配管である。噴射圧力が13,000kPaとなるのでそれに耐える構造となっており、特殊高圧配管用鋼管を使用。外径は8mmだが、内径は3mmしかない。燃料噴射圧力を全体で均一とするため同じ長さとなっているほか、DML61ZA機関は燃料噴射ポンプが機関後方に設置されたので燃料高圧管が長くなる。そこで燃料噴射ポンプ側は1,020mm、噴射機側は1,550mmと二分割して、途中に34mmの継手が介在するため、全長はいずれも2,604mmとなっている。

また、燃料噴射ポンプは同一のものを使っている関係で、A列側は燃料噴射ポンプのプランジャと機関側は同一順で接続してあるが、B列側は燃料噴射ポンプ側の2・3筒が機関の3・2シリンダと、燃料噴射ポンプ側の4・5筒が機関側の5・4シリンダと、配管が交差しているので形状が異なっている。

燃料噴射器

予燃焼室上部に取り付けられ、予燃焼室（シリンダ）内に燃料を噴射するためのもので、燃料噴射ポンプ、燃料高圧管と合わせて燃料噴射装置と呼ばれる。

ノズルホルダ（噴射弁保持器）の先端に燃料噴射ノズル（燃料噴射弁＝インジェクタ）が取り付けられており、燃料噴射弁（＝インジェクタノズル）内部にはニードルバルブ（針弁）が内蔵されている。そのニードルバルブをノズルホルダ内の弁バネが弁押棒を介して押さえつけた構造になっている（図19）。

燃料噴射ノズル先端には燃料高圧管からの燃料油が導かれていて、燃料噴射ポンプの作用によって圧力が13,000kPaまで高まると、燃料油の圧力が弁バネに勝ってニードルバルブが上昇し、燃料噴射ノズルから燃料を噴射する。

ニードルバルブと燃料噴射ノズルとの摺動部分は漏れ出た燃料の軽油によって潤滑され、その燃料油は弁押棒なども潤滑して弁バネ室内に入り、さらに燃料アフレ管から燃料タンクへ戻されている。

機関潤滑油のほかに燃料によっても機器の潤滑や冷却を行っているのが、ディーゼル機関の面白いところである。

燃料噴射時期調整装置

自動進角装置とも呼び、通常は「タイマ」と呼ばれている。ディーゼル機関ではシリンダ内で圧縮され、高温になった空気の中に燃料油を噴射することで着火し燃焼が始まる。しかし、燃料が着火するまでは若干の時間が必要で、この着火までの時間は機関の回転速度によって変化する。

このことから着火遅れが発生しないように、回転速度が高回転（ピストン往復運動が高速）になった時に燃料油の噴射時期を早める必要がある。これを行うのがタイマで、DML61ZA機関では2段階に切り換えられる。

調時歯車室の項で述べたように、カム軸小歯車に被さるようにタイマ歯車が噛み合っている（図20）。タイマ歯車は両面歯車で、内歯が直線スプライン、外歯が25度の傾きを持ったヘリカルスプラインとなっており、内歯はカム軸小歯車に対して前後移動が可能になっている。

6ノッチまでの機関低速回転時にタイマ歯車は、タイマ歯車バネによってカム軸小歯車の方に押し付けられている。7ノッチに移行すると調速機からの油圧がカム軸中央に設け

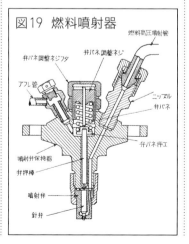

図19　燃料噴射器

燃料高圧噴射管
弁バネ調整ネジフタ
弁バネ調整ネジ
アフレ管
ニップル
弁バネ
弁バネ押エ
噴射弁保持器
弁押棒
噴射弁
針弁

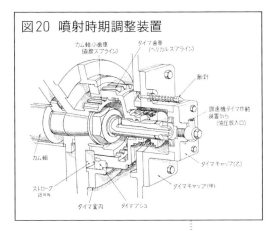

図20 噴射時期調整装置

カム軸小歯車（直歯スプライン）
タイマ歯車（ヘリカルスプライン）
触針
調速機タイマ作動装置から（油圧取入口）
カム軸
タイマキャップ（乙）
タイマキャップ（甲）
ストローク18mm
タイマ案内
タイマブシュ

られた油道を通って、タイマ歯車とカム軸小歯車の間にある油室に充填される。油圧がタイマ歯車バネに打ち勝つと、タイマ歯車はカム軸歯車から離れるように18mm移動する。

タイマ歯車の外歯は前述のように25度の傾きを持っているので、そこに噛み合っている燃料噴射ポンプ歯車の動力伝達位置が変化するので、燃料噴射ポンプの噴射位置が早まる仕組みになっている。油圧は機関潤滑油を利用。タイマの作動は、タイマ触針を押し込み、タイマ歯車前面に接触させることで確認できる。

燃料噴射時期は、タイマ作動前の6ノッチまでがクランク上死点前19度で、7ノッチ以降はクランク上死点前34.5度となる。6ノッチ以下になると調速機からの油圧がなくなり、タイマ歯車がバネによって元の位置に復帰する。

このように調速機自体で油圧が必要になることから、機関始動時に各部の潤滑準備を含めて潤滑油の予潤滑（後述）を行う必要がある。

調速機

機関後部の調時歯車室に取り付けられており、運転台の主幹制御器ノッチハンドルの位置に対して、機関の回転速度を制御するものだ。遠心重錘式全速調整機構と電磁油圧式速度制御機構を一体としたもので、前述のタイマ作動装置も内蔵している。

調速機は最高最低調速機（メカニカルガバナ）と全速調速機（オールスピードガバナ）に大別される。前者は気動車やDD13形などに採用され、主幹制御器のノッチ位置に対応して燃料噴射量を制御している。

対して、ZA機関が採用する後者の全速調速機では、ノッチ位置は機関回転速度の指定を行うもので、主幹制御器のノッチ電気信号指令に対して、そのノッチに対応した機関回転数を維持するために燃料噴射量を決定し、機関出力を制御する。

速度制御機構

電磁油圧式速度制御機構は4個の電磁コイルがあり、調速機本体内には潤滑油汲上ポンプから送られた作動油（潤滑油）の流路を電磁コイルの動作によって切り換えるパイロットバルブ、その油圧によって燃料噴射ポンプの燃料加減ラックの位置を決定する調速ピストン、調速ピストンと遠心重錘式全速調速機構から出力された調速レバーの動きを、実際に燃料加減ラックを動かすのに必要な力に倍加させる油圧サーボ機構などが内蔵されている。

電磁コイルとレバーの配置

4個の電磁コイルは、直線上に配置された電磁コイルレバー1と2に対し、電磁コイルレバー1と直角の配置になるように電磁コイルレバー3があり、電磁コイルレバー1の一端に電磁コイルBが、電磁コイルレバー2と結合する端に電磁コイルAが、電磁コイルレバー2の一端に電磁コイルDが、電磁コイルレバー3の一端に電磁コイルCがある（図21）。電磁コイルレバー3の中ほどには、電磁コイルの動作をパイロットバルブに伝えるレバー1が接続されている。

電磁コイルはストロークが8mmあり、A・B・C・Dの4個の電磁弁を適宜動作させることで、8mmを15等分して、停止・切（アイドリング）・1～14ノッチを決めている。

パイロットバルブと調速ピストン

電磁コイルが動作して、シーソーのようになっているレバー1がレバー連結棒を介し、パイロットバルブに接続されているレバー2を押し下げ、同時にパイロットバルブを下降させて作動油通路を開き、油圧を調速ピストン上部に送り込む。（図22）

調速ピストンは油圧によって主バネ（調速機構との釣り合いを取るためのバネ）と、バネ1（調速ピストンの戻しバネ）を圧縮し下降を始めるが、ある程度下降すると調速ピストン上部に接続されたレバー3の作用によ

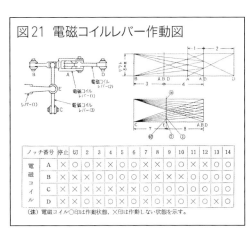

図21 電磁コイルレバー作動図

電磁コイルレバー（2）
電磁コイルレバー（1）
電磁コイルレバー（3）
レバー（1）

ノッチ番号		停止	切	2	3	4	5	6	7	8	9	10	11	12	13	14
電磁コイル	A	×	×	○	○	×	×	○	○	×	×	○	○	×	×	○
	B	×	×	×	×	×	×	×	×	○	○	○	○	○	○	○
	C	×	×	○	○	○	○	○	○	○	○	○	○	○	○	○
	D	×	×	×	×	○	○	○	○	×	×	×	×	○	○	○

（注）電磁コイル○印は作動状態、×印は作動しない状態を示す。

り、やはりレバー連結棒でシーソーのようになっているレバー2のパイロットバルブと反対側を下げる動作をする。

レバー連結棒の支点は電磁コイルの動作によって指定された位置に固定されているので、調速ピストンの下降と共にパイロットバルブが上昇し、調速ピストン上部への作動油通路を閉塞し、調速ピストンは指定された位置で停止する。

ノッチを下げた場合にはパイロットバルブの作用により調速ピストン上部の油圧を減少させ、主バネの作用によって調速ピストンは上昇するが、ノッチを上げた時と同様に電磁コイル動作によって指定された位置でパイロットバルブが戻って油通路を閉塞し、調速ピストンは指定された位置で停止する。

調速機構

遠心重錘式全速調速機構は、電磁油圧式速度制御機構から指令された回転速度と実際の機関回転速度が合致しているか比較、修正を行うものである。

構造は錘（フライウェイト）を回転させ、その錘の位置が遠心力によって変化することで、回転数を調速レバーから調速機の油圧サーボを介して燃料加減ラックに伝えるものである。調時歯車室のカム軸大歯車に噛み合う調時遊ビ歯車を介し、調速機歯車により駆動されており、クランク軸の1.47倍の回転数となっている。

負荷の変化で機関回転速度が主バネのバネ圧（指定されたノッチ）と異なった場合は、油圧サーボ機構を介して、錘の遠心力と主バネ圧力が釣り合うまで燃料噴射量を変化させる。このようにして負荷の変動にかかわらず機関回転速度を自動的にほぼ一定に保つ作用を行っている。

機関始動時には始動電動機の回転により速度制御機構内の作動油油圧が上昇し、調速ピストンを押し下げ、ピストン作動棒も引き下げられ、燃料加減ラックを最大噴射量の位置まで動かす。シリンダ内で燃焼が始まり機関が始動すると徐々に回転速度が上昇し、遠心重錘式全速調速機構の錘の遠心力によって調速作用が始まり、アイドリングとなる。

油圧サーボ機構

調速レバーの先端は二股となっており、一方は調速ピストン主バネ受け軸に、もう一方は調速ピストンと平行する位置に設けられた油圧サーボ機構下部のピストン作動棒に接続されている。油圧サーボ機構は調速レバーのわずかな力による動きを、ストロークはそのままに燃料加減ラックを動かす力に変化させる倍力装置である。

ピストン中心にピストン作動棒があり、ピストン作動棒によって油圧経路（油道）を開閉し、ピストンの上下に加えられた作動油油圧を変化させることでピストンの位置を決めている。

4個の電磁コイルの動作によって調速ピストンの位置が決まり、主バネはノッチごとに一定のバネ力になっている。定常状態では調速機の重錘の遠心力と釣り合っていて、ピストン作動棒は内部の作動油道を閉塞した状態となっている。

ノッチアップした際には調速ピストンが下がるので、調速レバーは時計方向に回転しピストン作動棒を下げる。油圧サーボ機構のピストンは、上側に加えられた油圧によってバネ2を圧縮してピストンを下降させ、主レバーが調速機レバーを介して燃料ポンプリンク装置を動かして、燃料加減ラックを「燃料増」とする。

ある程度ピストンが下降すると、速度制御機構と調速機構によって決められた位置にあるピストン作動棒が作動油道を閉塞するので、ピストンの下降は停止し、機関は指定された回転数で運転を続ける。

なお、調速レバーなどに折損などの故障があった場合は、直ちにバネ3がピストン作動棒を押し上げて機関を停止。油圧がなくなった場合は、ピストン下部にあるバネ2によってピストンが押し上げられて機関を停止する、フェイルセーフ機構になっている。

タイマ作動装置

調速機に組み込まれた燃料噴射時期調整装置（タイマ歯車）への油圧の

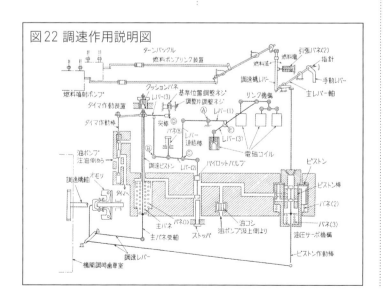

図22 調速作用説明図

送油を制御している部分。

内部にはタイマ作動棒があり、6ノッチ以下の場合はタイマ作動棒は調速ピストンの作用により、レバー3によって引き上げられた状態となっている。この状態ではタイマ歯車への作動油道は閉じられており、逆にタイマ歯車の油圧を調速機内に逃がす作用を行っている。

燃料噴射ポンプリンク装置

調速機レバーの回転動作を直線運動に変換し、燃料噴射ポンプの燃料加減ラックに伝達するための装置。調整器レバーはテコに連結され、テコ軸を回転させる。

燃料噴射ポンプは同じものが逆向きに取り付けられている関係で、A列はラックを引っ張った時、B列はラックを押し込んだ時に燃料増となるため、逆方向の動きとなるように燃料加減ラックへのターンバックルはテコ軸の上下にリンクを取り付けてある。

機関潤滑装置

機関はさまざまな部品が組み合わさって稼働しているため、潤滑油による各部の潤滑が必要になる。DML61ZA機関では油ポンプによって送油潤滑する強制潤滑方式が採用されている。

機関潤滑油系統は大きく分けて、各部に注油する注油系統、各部を潤滑冷却した潤滑油を濾過冷却する冷却系統、機関始動前に潤滑油を調速機を含む各部に注油する予潤滑系統に分かれている(図23)。

注油系統

油受(オイルパン)の冷油ダメにある潤滑油は注油用ポンプで汲み上げられ、予潤滑ポンプ体に組み込まれた油圧調整弁で800kPaに調圧されて調時歯車室、調速機タイマ作動装置、クランク室注油主管に分かれる。

クランク室注油主管からは各クランク軸、カム軸、動弁機構、過給器、7kVA充電発電機軸受など機関主要部を潤滑す(図23上)る。ほかの部分を潤滑した潤滑油も含め、油受の温油ダメに落下する。なお、クランク室注油主管からは油取出管があり、ここには遠心式油コシがあって潤滑油の常時清浄化を図っている。

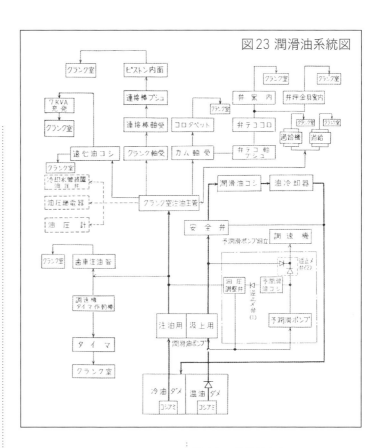

図23 潤滑油系統図

冷却系統

各部を潤滑および冷却した潤滑油は汚れ、高温となって温油ダメに戻ってくる。ここから汲上ポンプで汲み上げられ、主流は安全弁(600kPa)を通って潤滑油コシで濾過され、油冷却器に入り、ここで機関冷却水と熱交換をして温度を下げ、冷油ダメに戻る(図23右下)。支流は予潤滑逆止メ弁を通って調速機へも

送られて作動油となる。

予潤滑系統

機関始動に際し、予潤滑ポンプによって事前に潤滑油を各部に送るためのもので、蓄電池で短時間駆動する予潤滑ポンプで温油ダメにある潤滑油を送り出している(図23右下内)。温油ダメから吸い出す系統に逆止メ弁があるのは、予潤滑ポンプの空転を防ぐためでもある。

43

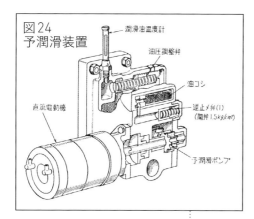

図24 予潤滑装置

潤滑油温度計
油圧調整弁
油コシ
逆止メ弁(1)
(開弁 1.5kg/cm²)
直流電動機
予潤滑ポンプ

予潤滑ポンプによって汲み上げられた潤滑油は、調速機構の作動油に混入している空気を追い出し、油圧が150kPaに達すると、予潤滑ポンプと汲上ポンプの油道を選択する逆止メ弁1を開いて、油圧調整弁を経てクランク室注油管へ送油され、機関各部に事前の潤滑を行い始動を容易にする。

機関始動後は汲上ポンプからの潤滑油に切り換わる。

油受(潤滑油ダメ)

油受、または潤滑油ダメとも呼ばれるが、前述のように「オイルパン」と呼ばれる方が一般的である。クランク室最下部に取り付けられているもので、内部は冷油ダメと温油ダメに仕切られている(図23)。冷油ダメ上にはフタがあるが、完全に仕切られたものではなく、冷油ダメから温油ダメにかけて溢油管(アフレ管)がある。

汲上管は冷油ダメから注油系統に送るためのものと、温油ダメから冷却系統に送るためのものの2本があり、先端にはコシ網が取り付けられている。また、前述のように温油ダメ汲上管の先端には逆止メ弁が取り付けられている。

注油口はB列側にあり、冷油ダメへとつながっている。検油棒(レベルゲージ)は同じくB列の温油ダメに

ある。検油は交換直後を除き、機関停止後は各部の潤滑油が油受に戻る約10分後に行い、機関始動後は潤滑油が各部に十分行き渡った20分以上経過してから行う。

冷油ダメは常に満たされた状態になっており、油量は約50L。温油ダメは停止時の最高レベルで70L、運転時は約60Lとなっていて、全油量は約120Lとなる。

27号機からは若干の設計変更が加えられ、下部外周にヒサシが設けられ、油受から漏れた油が下部の推進軸や減速機に落下しないようにされた。

潤滑油ポンプ

油受から注油系統と冷却系統に潤滑油を送油するためのギアポンプで、調時歯車室右下に取り付けられており、水ポンプと共に水ポンプ・油ポンプ駆動歯車によって、クランク軸の1.47倍に増速して駆動されている。

注油ポンプと汲上ポンプが一体となり、中央部に仕切が入った構造となっている。送油量は機関回転速度1,500rpm時に2,205回転となり、注油側が20,800L/h、汲上側が24,400L/hで、冷却系統に回る量が多いため、潤滑油は常に冷油ダメから温油ダメに溢れていることになる。

試作車の油ポンプはDML61Zと同じものを使用しており、油ポンプ駆動軸を1.56倍に増速して2,340rpmとして汲上量を多くし、注油側が19,900L/h、汲上側が22,100L/hだった。量産車から油ポンプ自体が容量の大きいものに変更され、水ポンプ・油ポンプ駆動歯車もDML61Zと同じ歯数比に変更された。

予潤滑ポンプ

予潤滑系統の項で述べたように、予潤滑を行うためのギアポンプ。蓄電池駆動となるので24Vの直流電動機が使用されている。この直流電動機は1分間定格のものが使用されており、予潤滑を行う時間は約20秒程度とするように注意が必要である。

実際にはポンプ単体ではなく、ポンプと予潤滑逆止メ弁、油コシ、油圧調整弁が組み立てられた予潤滑装置となっており(図24)、調時歯車室A列側に取り付けられている。調速機には予潤滑ポンプと汲上ポンプとの2系統から作動油の供給を受けるため、その流路を決めるための予潤滑逆止メ弁(図23の逆止メ弁2)があり、それぞれのポンプの油圧によって流路を切り換え、汲上ポンプと予潤滑ポンプ相互間の逆流を防いでいる。

ギアポンプ

ギアポンプは容積式ポンプの一種で、ケース内に元歯車と受け歯車の2個の歯車があり、元歯車が動力を受けて回転し、受け歯車もそれによって回転、歯車の歯とケースの隙間に液体が通って送り出す構造となっている。このため、油などの粘性のある液体でも送り出しが可能である。

油圧調整弁

予潤滑ポンプ上部に取り付けられ、注油ポンプからクランク室注油主管の間に設けられている。機関回転数に関わらず注油側と、予潤滑ポンプ出口の油圧を一定に保つ。油圧が規定値の800kPaを超えると弁を開いて、油圧を汲上ポンプ入口側に逃がしている。

潤滑油安全弁

冷却系統の汲上ポンプの次に設け

国鉄 DE10形 ディーゼル機関車

られていて、送油管抵抗の上昇など
により潤滑圧力が異常に上昇した際、
以降に設置されている潤滑油コシ器、
油冷却器の破損を防ぐ。

　内部には第1ポートと第2ポート
の2つの通路がある。潤滑油圧力が
150kPaに満たない場合は調速機を
確実に動作させるため、冷却系統へ
の第1ポートを閉じ、調速機のみに潤
滑油（作動油）を供給する。

　油圧が150kPaを超えると冷却系
統への第1ポートを開いて、潤滑油
コシ器、油冷却器へ正常な流路を構
成する。

　潤滑油圧力が600kPaを超えると
第2ポートを開き、直接冷油ダメへ
と送油する。この時は潤滑油は潤滑
油コシ器を通らないことになるので、
注意が必要となる。

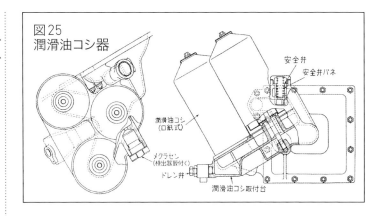

図25
潤滑油コシ器

安全弁
安全弁バネ

潤滑油コシ
（口紙式）

メクラセン
（検出器取付く）

ドレン弁

潤滑油コシ器取付台

潤滑油コシ器

　冷却系統の油冷却器の手前に取
り付けられている油コシ器（オイル
フィルタ）で、初期のDD51形に採用
された全流（オートクリーン）式をや
め、より細かい塵埃を除去できる濾
紙式を採用した（図25）。濾紙は20マ
イクロメートルで、円筒形の本体内
部に濾材（エレメント）が組み込まれ、
それが3個並んだ3連式になり、潤滑
油は並列に流れている。

　濾紙は鋼板パンチングメタルの保
護板に挟まれるようにセットされて
いる。濾紙の交換は本体を取り外し
て、内部のエレメントを分解して行
う。この潤滑油コシ器には安全弁が
取り付けられており、エレメントが
詰まって前後の圧力差が100kPa以
上になるとバイパス弁を開き、潤滑
油コシ器を通さずに流し、冷油ダメ
の欠油を防ぐ構造となっている。

　1〜4号機の試作車ではエレメント
の保護板は紙製だったが、強度不足
のため鋼板パンチングメタルに変更
された。また、量産の5号機からは

エレメントの目詰まり検出器が取り
付けられ、入口側と出口側の圧力比
が1：1.6になると、通常は飛び出し
ている白色の検出棒が引っ込んで目
詰まりを知らせるようになっている。

　なお、DD51形も同じ濾紙を使用し
たものに変更されている。

遠心式油コシ器

　クランク室注油主管から分岐して、
3連式潤滑油コシ器の裏側に2個設
けられている潤滑油コシ器。内部に
は回転体（ロータ）があり、下部中央
から潤滑油が入り込み、回転軸内を
通ってロータ内部に導かれる（図26）。

　ロータ内部には2本のパイプがあ
り、潤滑油はその上部から入り込ん
でロータ下部で横方向に噴射される。
ロータはその反力で高速回転し、遠
心力をもってロータ内壁に塵埃を付
着させて潤滑油を濾過している。定

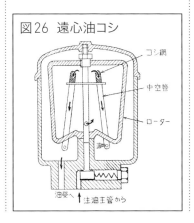

図26　遠心油コシ

コシ網

中空管

ローター

油受へ　　注油主管から

格回転数は3,800rpmである。

　潤滑油圧力を利用してロータを回
転させるので、油圧が150kPaに満た
ない場合は圧力調整弁によって、ク
ランク室注油主管からの通路を閉じ
ている。

　この遠心式油コシ器取付台には、
7kVA充電発電機の軸受に給油する
ための絞り付きの分岐がある。圧力が
高いと軸受から油漏れするため、圧力
を抑制する絞りが設けられている。

油冷却器

　潤滑油冷却系統の要である潤滑油
と冷却水の熱交換を行う機器。機関
A列側に潤滑油安全弁、潤滑油コシ
器と共に取り付けられている。

　外観は四角い箱のような形状をし
ている。内部はアルミニウム溶着の
熱交換器になっていて、潤滑油と冷
却水の通路が交互に重ねられていて、
冷却水通路は単純な細い通路だが、
潤滑油は撹拌するような構造になっ
ており、十分な熱交換ができるよう
にされている。

　冷却水は向かって左の機関後ろ寄
り下側から入り、向かって右上部よ
り排出される。潤滑油は向かって左
の潤滑油安全弁を通り、油冷却器の
手前側を通って、右側（機関前部）に
ある潤滑油コシ器を通って、油冷却
器には冷却水とは逆に前側から入っ
て後ろ側に通り抜ける。

DML61ZBディーゼル機関

大量増備を視野に1,350PS機関を試作

1966（昭和41）年度に試作されてDE10形に採用されたDML61ZA機関は、DD51形のDML61Z機関の弱点と思われる部分をかなり改良したディーゼル機関だが、DML61Z機関自体が開発間もないことから、これから大量に増備されるであろうDE10形に使用する機関は、抜本的に改良した信頼性の高い機関が必要とされた。そこで1966（昭和41）年度の重要技術課題として、DML61ZBディーゼル機関が試作された。

919kW（1,250PS）のDML61ZA機関を搭載したDE10形は、入換性能は9600形に対してやや不足する

ものほぼ同等。支線区での運用はC58形とほぼ同等であったが、やや出力の増強が望まれたため、出力は993kW（1,350PS）とした。これにより動輪周出力は9600形とC58形を上回るものとなる。最大定格点の回転速度は1,500rpmから1,550rpmとして、トルク（平均有効圧力）は大きく向上させないようにしている。このようなことから組み合わされる液体変速機は、現用のDW6を共通使用可能となっている。同時に、DML61ZA機関搭載車に対しても、DML61ZB機関に換装可能なように、据付寸法などは互換性を持っている。

これに加え、当時はD51形も重入換に使用されていたことから、これの置き換えも考慮して機関出力を

1,103kW（1,500PS）へ増強することも視野に入れ、クランク室、シリンダ体などの基本部分を強化している。

単体試験でトラブル改修して現車試験へ

試作のDML61ZB機関は1967（昭和42）年3月に新潟鐵工所で完成。同年4～6月に新潟鐵工所において予燃焼室の容積比を変更する予燃焼室比較試験を行った。しかし、予燃焼室の変更だけでは燃料消費率が悪く、これを改善するためにシリンダヘッドの形状を変更。同時に吸排気口と吸排気弁の位置が異なったシリンダヘッドを製作し、予燃焼室比較試験、過給器適合試験、噴射ポンプ試験な

国鉄 DE10形 ディーゼル機関車

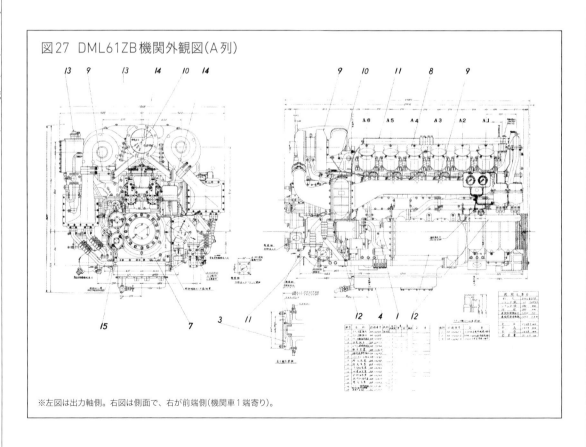

図27　DML61ZB機関外観図（A列）

※左図は出力軸側。右図は側面で、右が前端側（機関車1端寄り）。

どの追加試験が7〜12月にかけて765時間にわたって行われた。

翌68（昭和43）年1〜3月にかけては、場所を国鉄鷹取工場に移して、耐久試験と国際鉄道連合（UIC）が定めたUIC試験が実施されている。しかし、鷹取工場では300時間の試験を行う予定だったが、油冷却器、動弁装置にトラブルが発生。総試験時間は183時間に留まった。この時に1,103kW（1,500PS）の過負荷試験も行われている。

5月にはトラブル箇所を改修し、場所を多度津工場に移して300時間のUIC試験を実施。試験終了後に分解して各部の測定を行い、ピストンを温度測定装置付きのものに交換したうえで、7〜12月にピストン温度測定を行った。試験箇所を多度津工場に移したのは、ディーゼル機関連続定置運転での周辺への騒音の影響を考慮したものだった。

これらの試験の結果、複数の問題が発生したものの改善を実施。1968（昭和43）年11月から、松山気動車区配置のDE10形508号機のDML61ZA機関を試作DML61ZB機関に換装し、12月6日に松山区に回着。翌7日から現車試験を開始した。出力は919kW（1,250PS）に設定され、1969（昭和44）年5月29日までに29,568.5kmの現車試験を行った。

また、試験中に機関の始動性が悪いとされたため、予潤滑ポンプ押ボタンを離すと同時に始動ボタンを押すとよいとされた。試験当時は機関自体の問題か、個体差なのかハッキリしなかったが、量産化が進んだ後でも始動性は悪かったとの評価があるため、機関自体の特性であったと思われる。

DE10形508号機はその後一ノ関機関区へ転属、より負荷の大きい大船渡線のセメント列車での長期試験に供された。

DML61ZA機関との相違点

DML61ZB機関は出力の増大と共に、メンテナンス性を向上するための改良もなされている。前述のように据付寸法は同一としてあるが、別物のディーゼル機関では？ と思われるほど、多くの点で設計変更がなされている。以下にDML61ZA機関（以下この項ではそれぞれZA機関・ZB機関）との相違点を述べる。

なお、ZB機関は出力993kW（1,350PS）とされているが、夏場に冷却能力が不足気味であるため、919kW（1,250PS）に設定して余裕のある運

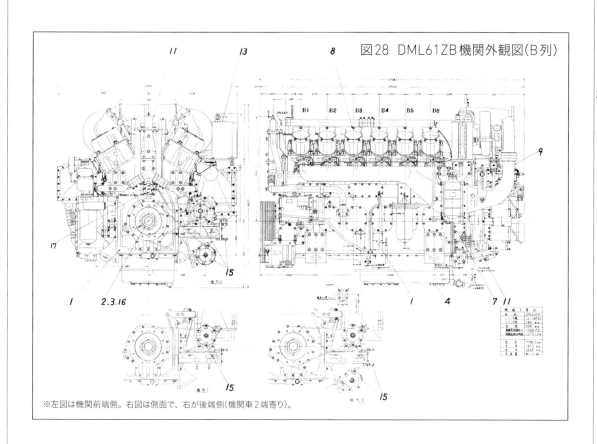

図28 DML61ZB機関外観図（B列）

※左図は機関前端側。右図は側面で、右が後端側（機関車2端寄り）。

黄色で縁取られたダイハツディーゼル製の機関銘板。

用としている。このため出力を抑制したZB機関搭載車では、機関銘板周辺を5mm幅の黄帯で囲って区別している。

また機関に設計変更が加えられているのと、出力増大後はZA機関搭載車と牽引定数が異なるので、機関車番号をSG付きは1000番代、SGなしは1500番代として区別している。

シリンダ体、クランク室

シリンダヘッドの取付方法がZA機関の10本から大径の4本に減らされたため、その部分の形状がシンプルになった。クランク室は連接棒軸受部分の面圧低下のため広く取ったことから、クランク軸軸受をコロ軸受に変更したため、幅方向が広くなったものに形状が変更された。また、クランク室両側壁にはピストン冷却用の潤滑油油道が突き通された構造になっている。

ピストン

ZA機関と同じ鋼製クラウンピストンだが、ピストン冷却方式が大きく変更になったことで形状が変更されている。ZA機関では潤滑油が連接棒内の油道を通ってピストン内面を冷却していたが、この方法ではピストンの慣性力によって給油量が減少することと、連接棒軸受に油ミゾを設けると、接触面積の減少から軸受面圧が増大するため、クランク軸油道を変更するなどの対応をしていた。

ZB機関ではピストンピンの潤滑とピストン冷却用の潤滑油回路を別にして、連結棒軸受の面圧を下げた。

ピストン冷却にはシリンダ下部にピストン噴油ノズルを新たに設け、ここからピストン下面に設けられた油導穴にジェット噴射で潤滑油を吹き付けている。ピストン噴油ノズルが設けられたことで、全長が短くなった。

当初ピストン冷却用潤滑油は、潤滑油第2ポンプを設けて圧力を800kPaから1,500kPaに増大させて噴油していたが、試験の結果、圧力が高いと噴油量の2/3が飛沫になって泡が発生してしまい、冷却効果は変わらないため800kPaが最適とされ、潤滑油第2ポンプは廃された。

噴油ノズルもさまざまな形状を試験した結果、ノズル径φ4、長さ19mmが最適とされ、以上の条件で潤滑油温度が80℃の時、定格運転時のピストン第1圧縮リングミゾの温度は137℃という低い状態で運転となった。これにより潤滑油の劣化も抑制される結果となった。

シリンダライナ

ピストン噴油ノズルが新たに設けられたため、ZA機関用に比べて12mm短くなった。ライナ上部にはガスケット吹き抜け防止のためヘッドと、ガスケット下部の凸部がはまり込むミゾが設けられている。

連接棒

ピストンの項でも述べたが、ピストン冷却と潤滑とを別回路としている。連接棒の最大の改良点は、太端の軸受幅をZA機関の55mmから66mmに広げたことだ。これにより軸受面圧が約25%ほど低下している。

クランク軸

クランク軸軸受を円筒コロ軸にして、クランク軸全体の長さを変えずに太端軸受部分の幅を広げている。このためZA機関のものとは大きく異なっている。

試作ZB機関や1001・1002号機に採用されたクランク軸は分割型ボルト組立となっていたが、1003号機から搭載されたZB機関では一体型のクランク軸に変更された。

シリンダヘッド

出力増大に伴って全体の剛性を向上した構造としている。同時に分解整備を簡便にするため、取付ボルトをZA機関の10本から4本に減らしている。減らした分の強度確保はボルト径をφ30とすることで補った。

シリンダヘッドガスケットは銅製の一体型となり、冷却水、潤滑油の受け渡し部分も吹き抜けを防ぐためにシールを個別にした。

このほか吸排気弁の当たり部分にはステライト合金を肉盛り溶接し、シリンダヘッド側の弁座にはバナジウム鋳鉄のインサートリングを装着し、耐摩耗性の向上が図られた。これは1968（昭和43）年度第5次債務車のDE10形1001・1002号機と、同じ年度の第4次債務車のDML61ZA機関でも正式採用されている。

動弁機構

動弁機構を無調整にするため、ZA機関でも使用されていた油圧式自動スキマ調整装置が全面採用された。弁押金具内に油ピストンを設けたような構造で、弁押金具下部から供給された潤滑油は油道を通って玉弁上部に至り、玉弁を押し退けるようにシリンダ室に入り油圧ピストンを押し下げる。

油圧は給排弁を開閉できる圧力ではないので、弁テコとの隙間がなくなる。この時、カム軸が回転し弁テコを押し下げるとシリンダ室は玉弁によって閉塞され、閉じ込められた潤滑油は非圧縮性であるため、給排弁が開閉する仕組みになっている。

熱膨張によってストロークが変化しても、シリンダ室内の油が出入りすることで自動的に調整される。

過給器

従来のTB19のブロワインペラの高さを変更し、給気圧力と風量の増大を図ったTB19Aに変更した。

燃料噴射ポンプ

ZA機関と同じボッシュ型の6筒連成型が使用されているが、出力増大のためプランジャ径を$\phi 14 \rightarrow \phi 15$に変更し、同時に単位時間内に噴射量を増やすことで燃焼改善を図っている。

機関潤滑系統

これもZA機関から大きく変わった点である。ZA機関では冷却系統と注油系統の2系統に分かれていたが、ZB機関ではこれを1系統としている（図29）。このため油受は温油ダメと冷油ダメに分かれておらず一つになっている。

油受から油ポンプ（34,000L/h）によって汲み上げられた潤滑油は、全量油冷却器で冷却される。油冷却器には並列に安全弁が設けられていて、入口と出口の圧力差が300kPaを超えないようにして油冷却器の破損を防いでいる。そこから一部はピストン冷却回路に分流し、オートクリーン式の第2潤滑油コシ器を経てピストンを冷却して油受に戻る。

主流はZA機関と同じ3連の第1潤滑油コシ器で濾過され、一部はここから遠心潤滑油コシ器に送られ、濾過された後で油受に戻る。第1潤滑油コシ器の後には調圧器があり、油圧を800kPaに調圧している。ここで再び分流し、800kPaの回路はクランク軸前端と後端に送られ、連結棒太端軸受を潤滑する。

一方の主流は減圧弁を通って400kPaに調圧されてクランク室注油主管に入り、カム軸、調時歯車、過給器、タイマ作動装置、動弁装置の自動スキマ調整装置、弁テコ、調速機に送られ各部を潤滑して油受に戻る。

予潤滑装置の基本構造は同じだが、油受から直接汲み上げるようになっており、油受の逆止メ弁はこちら側に設けられている。

油冷却器

出力増大のため熱交換量を多くするため、やや大型のものに変更になった。

外観的特徴

ZA機関とZB機関は多くの設計変更があるものの、基本設計は同じで、据付寸法も同じで見た目も非常によく似ているが、設計変更部分が外観にも現れているので、見た目での区別も可能となっている。

一番目に付くところはシリンダヘッドカバーで、シリンダヘッド取付ボルトが4本になったことで、ナットが露出しているところが目立ち、これはA列側、B列側のどちらからも確認が可能だ。

このほかA列側の給気冷却器の下にオートクリーン式の潤滑油第2濾過器があり、潤滑油第1濾過器の取付方法が上下逆向きになっているなどの特徴がある。また、製造が進むにつれて第1濾過器の形状は大きく変わり、第2濾過器の取り付け場所も変化している。

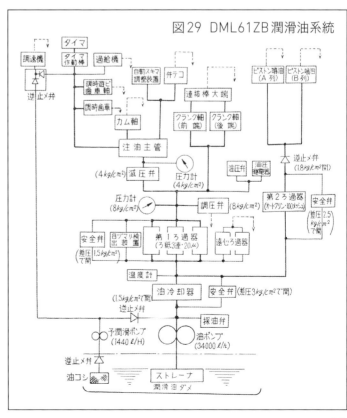

図29 DML61ZB 潤滑油系統

冷却装置

概　要

　内燃機関はシリンダ内で直接燃料を爆発的に燃焼させているので、常に過熱状態になっている。あまりに過熱すると潤滑油の劣化、軸受の焼き付きなど、機関そのものを破壊するような重大な故障につながる。これを防ぐために冷却水を用いた冷却装置が設けられている。

　しかし、いくらでも冷却すればよいというわけではなく、過度な冷却は機関効率が低下するので、冷却水温度は機関出口付近で70〜80℃が適温とされている。また、機関停止中に冷却水温度が低下すると機関の始動が困難になるばかりか、凍結による損傷なども起こるので、逆に冷却水を暖める装置も付属しており、これらを含めて冷却装置を構成している。

冷却水系統

　冷却水回路はDD51形4次車とほぼ同様の強制循環方式構成だが、DD51形では給気冷却器を冷却後、油冷却器を経て機関本体を冷却し、放熱器で放熱したあとに冷却水タンクに戻っていたが、DE10形では出力向上のため、給気冷却（IC）回路を個別として独自に放熱器を設け、冷却水タンクも独立させた2系統にしたことが大きく異なっている（図30）。

　主回路は冷却水ポンプ（ウォーターポンプ）を出た直後に二手に分かれ、一方は機関の油冷却器を経由。もう一方は変速機へ分流し、変速機の油冷却器、1速コンバータ水ジャケットを経由する。流量バランスが崩れると冷却不足になる可能性があるため、ほぼ等量になるように絞り

が設けられている。

　機関と変速機を経由した冷却水は機関前方で合流し、立ち上がり配管上部で再びA・B列の二手に分かれ、それぞれのシリンダライナ、シリンダヘッドなどを冷却し、A列、B列上部の冷却水出口管にまとまり、それぞれ両側面にある放熱器へ送られ、放熱したあとに冷却水タンクに戻る。各シリンダへの冷却水配管の長さが異なることから、冷却水が等量で流れるようにシリンダヘッドや冷却水出口管に絞りを入れ、各シリンダの温度が等しくなるようにしている。

　なお、機関前部に立ち上がり配管があるのは、放熱機内の冷却水を抜い（抜け）ても、機関内の冷却水がなくならないようにするためと、冷却水配管内の冷却水の流れを阻害する空気抜きを行うためである。

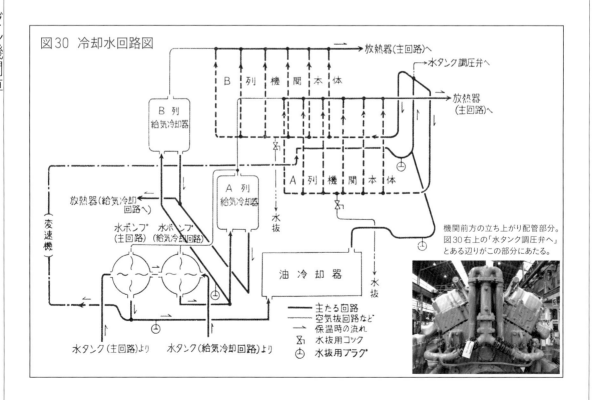

図30　冷却水回路図

機関前方の立ち上がり配管部分。図30右上の「水タンク調圧弁へ」とある辺りがこの部分にあたる。

主たる回路
空気抜き回路など
保温時の流れ
水抜用コック
水抜用プラグ

水タンク（主回路）より　　水タンク（給気冷却回路）より

国鉄 DE10形 ディーゼル機関車

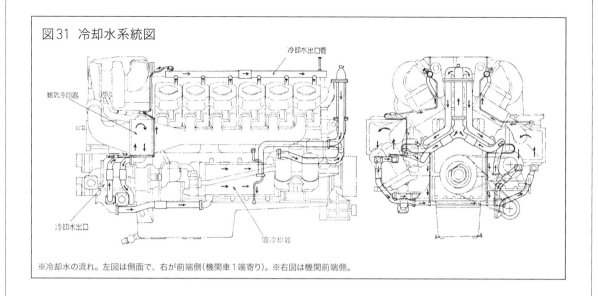

図31 冷却水系統図

給気冷却器

冷却水出口管

冷却水出口

油冷却器

※冷却水の流れ。左図は側面で、右が前端側（機関車1端寄り）。※右図は機関前端側。

IC回路は同じ冷却水ポンプと同軸にある別のポンプ羽根車によって、A列用、B列用に分流し、それぞれを冷却したあと再び合流、機関用とは別個に設けられた放熱器素で放熱し、IC用冷却水タンクに戻る。

このように独立して冷却する回路となっているが、冷却水は主回路とIC回路用で空気抜き配管の細い通路や、冷却水ポンプ内でお互いに交流のある構造となっていて、主回路からIC回路への補水や、機関停止時の汲み上げ、保温作用などを行えるようにしている。

冷却水タンク

主回路用冷却水タンク

放熱器で冷却された主回路用冷却水を溜めるためのタンクで、機関前方、1エンド寄りの冷却室風道の下側に設置されている。下部を補機駆動軸が通るため、逆L字型のような形をしている（図32）。容量は試作車では550Lだったが、量産車では600Lとされた。機関運転中は水位が低下するので、外部に設けられた水面計には機関運転時最低水位と機関停止

最低水位、汲上時最低水位の表示がある。

水位低下と同時に冷却水中に空気が混入するので、A列、B列用放熱器から戻った冷却水は一旦散水箱に入り、そこから散水板上に散水され、薄い水膜となって気泡を除去する構造になっている。

水温によって内部圧力が変化するため、タンク頭頂部には調圧弁があり、内部圧力が＋30kPaになると弁を開いて内部の空気を吐き出し、－20kPaになると空気を吸い込んでいる。この作用により冷却水の蒸発による無用の減少を防いでいる。同時に外部からの冷却水の補給もここから行うことができる。この調圧弁には各冷却水回路からの空気抜き配管

図32 冷却水タンク

放熱器素

油圧井から

放熱器素

散水板

機関へ

散水箱

も集中している。

IC回路用冷却水タンク

給気冷却器（IC）回路専用の冷却水タンクで、主回路用冷却水タンクの下部に設置されている小型のもので、容量は150Lとなっている。基本的に満水状態で使用するため、気泡の発生は少ないが、機関始動時に一時的に水位低下があるので、主回路用冷却水タンクと同じ構造となっている。

満水状態となるように主回路用冷却水タンクより低い位置にあり、冷却水ポンプやそのほかの細い配管によって冷却水が交流している。

散水タンク

SGなしのDE10形に設けられる縦型円筒形水タンクで、機関を急速冷却する必要が生じた時、放熱器に直接噴射するための水と、冷却水回路に補水する際に使用する水が入っている。2エンドボンネットに送水ポンプと共に設置されている。

容量は1,000Lで、死重代わりとするためタンクを構成する鋼板が、SG付きのものより厚板を使用している。SG付きのものはSG水タンクの水を使用する。

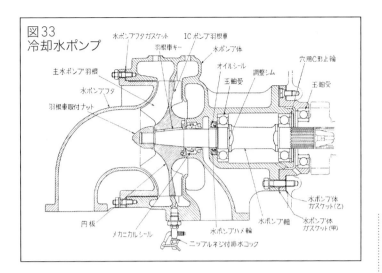

図33
冷却水ポンプ

水ポンプフタガスケット
IC ポンプ羽根車
羽根車キー
水ポンプ体
主水ポンプ羽根
オイルシール
穴用C形止め輪
水ポンプフタ
調整シム
玉軸受
羽根車取付ナット
玉軸受
円板
メカニカルシール
水ポンプ体ガスケット(乙)
ニップルネジ付排水コック
水ポンプハメ輪
水ポンプ軸
水ポンプ体ガスケット(甲)

図34　送風機冷却装置

送風機
上ヘッダ
風道
水噴射口
放熱器素
下ヘッダ

冷却水ポンプ

　遠心式渦巻式複合型ポンプで、主回路用とIC回路用に分かれているが、回転する円盤の両面に水を送り出す羽根が付いた特殊な構造となっている(図33)。機関後寄りが主回路用の大型のもので、前寄り(ポンプ駆動軸側)がIC回路用の小型のものとなっている。また、前述のようにポンプ羽根車の外周の隙間によって、主回路とIC回路の冷却水はわずかながら交流がある。ポンプ内に空気が混入していると送水不良が起きることから、ポンプ本体上部にはポンプ単体で行える空気抜きがあり、下部には水抜き用のプラグが設けられている。

　油ポンプと同軸で駆動されており、クランク軸に対して試作車は1.56倍に増速されていたが、量産車では1.47倍となっている。しかし、量産車ではポンプ自体の容量がアップされたため、機関回転数が1,500rpmの時の流量は、主回路が1時間あたり60→70t、IC回路が35→50tへ増加している。

放熱器

　高温になった機関冷却水を放熱冷却するための装置で、1エンド寄りボンネット先端部分に設置されていて外観上大きく目立つ部分となっている(図34)。

　放熱器は大きな1台のものではなく、小型の放熱器素が複数取り付けられた構造である。放熱器素は片側11本使用され、1エンド寄りの8本が主回路用、運転室寄りの3本がIC回路用になっている。

　放熱器素の構造は水管式で、細い水管の間に放熱フィンが入れられている。DD51形1〜3次車で使用されたEX7型を改良したもので、放熱フィンの目詰まりを防ぐため放熱フィンのピッチを大きくし、その分放熱器素の厚みを増したEX7A型となった。冷却水は下部から入り、上部に抜ける間に放熱する。

　放熱器素は冷却水の流れを束ねる上下のヘッダに各3本ずつのボルトで取り付けられている。上ヘッダは放熱器素11本分が一体(水路は別)となっていて、冷却室骨組みから吊られるように固定されている。対して高温側となる下ヘッダは主回路とIC回路で冷却水温度が異なるため、熱膨張の違いを考慮してそれぞれ別体となっており、熱膨張を逃がすため車体には固定せず、コイルバネを介して主回路とIC回路は別に支持する構造となっている。また、前後動を

抑制するためのストッパが設けられている。

　冷却装置は内部に鞍型の風道があり、ボンネット上部に設けられた送風機によって、側面から外気を吸い込み、熱交換を行ったあとにボンネット上部から排熱される。この送風機は静油圧駆動装置(後述)によって駆動され、回転数は冷却水温度に応じて油圧を調整して行っている。

油圧弁

　機関運転中と停止中に冷却水通路を切り換える弁。機関運転中は潤滑油油圧を利用して、主回路、IC回路とも放熱器を経由してそれぞれの放熱器へと冷却水が流れるが、機関停止中に潤滑油油圧がなくなると、各冷却水配管から主回路冷却水タンクへの通路を開き、放熱器へ冷却水が流れないようにしている。

循環ポンプ

　SG付き、SGなしに関わらず設けられている小型ポンプで、保温ポンプよりはやや容量が大きい。3-1側の運転室1エンド寄りの側面デッキ下に設置されている。機関停止中に主回路およびIC回路の冷却水を、放熱器から冷却水タンクに汲み上げる作用と、凍結を防ぐために冷却水を循環させる作用を行っている。

　冷却水の汲み上げは暖房三方コッ

クを汲み上げ方に切り換え、循環ポンプを運転する。汲み上げ状況の確認は、循環ポンプの隣に透明管があり、裏側にある電球を点灯させて水流があるか確認できる。

なお、運転室にある車内暖房管と直列に入っているポンプなので、暖房三方コックを冬期運転時に切り換えて循環ポンプを運転すると、運転室内の暖房をより強くすることができる。

保温ポンプ

保温ポンプはSG付き車に設けられる小型ポンプで、循環ポンプより容量が小さくなっている。2-4側の運転室1エンド寄りの側面デッキ下に設置されている。機関冷却水の凍結を防ぐために使用されるもので、SG水タンクにSGの蒸気を直接送り込み、事前に70～80℃ぐらいに温度を上げ、冷却水系統にある熱交換器に送る作用をしている。保温作用中は冷却水系統にある水温継電器により、水温が10℃になると運転、20℃になると停止する断続運転を行う。蓄電池の直流24Vを電源としている。

熱交換器は第1運転台下部に設けられている。SGなし車はこの熱交換器はない。

放熱器散水

運転中に機関冷却水温注意表示灯、または変速機冷却水温注意表示灯が点灯するなど、何らかの原因により冷却水温度が上昇した際、冷却水温度を下げる必要がある時は、放熱器表面に直接散水することで冷却が可能である。

3-1側ボンネット内、三連式潤滑油コシ器の右側にある散水補水コックを「散水」に切り換えて(事前に切り換えておいてもよい)、送水ポンプを運転することで、SG水タンクか、SGなし車の場合は散水タンクの水を使って放熱器散水ができる。

また、散水補水コックを補水に切り換えて送水ポンプを運転すると、冷却水系統へ冷却水の補給ができる。この機能は量産車から実装されている。

静油圧駆動装置

概　要

放熱器の項でも述べたが、送風機は静油圧駆動装置によって回転している。DD13形などではクランク軸の回転をそのまま利用する機械式、DF50形では電気式が用いられてきた。しかし、前者では冷却水温度を適正に保つには難しく、後者では機器の重量が重くなるなどの欠点があった。そこでDD51形から本格的に採用されたのが静油圧駆動装置である。

静油圧駆動装置は1エンドボンネットにある冷却装置下部に設置されていて、作動油は30Lの容量の油タンクに溜められている(図35)。油タンクからコシ器を通して油圧ポンプ内の補給ポンプにより油圧回路に入る。油圧ポンプで高圧油となり、油量調整弁を経て油圧モータで送風機を回転させ、冷却管と空気抜きタンクを通って再び油圧ポンプに戻る。ポンプ、モータとも作動油で潤滑を

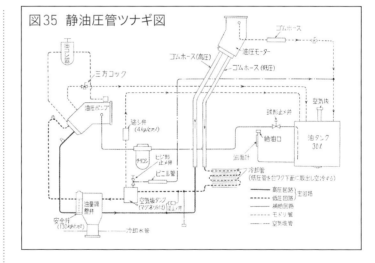

図35　静油圧管ツナギ図

行っているため、それぞれから若干の漏れ油があり、戻し管によって油タンクに戻されている。

機関クランク軸の回転を補機駆動装置を介して油圧ポンプを駆動。得られた油圧によって油圧モータを回転させるものだ。当初はアキシャルプランジャ型(PM3、PM4型)が採用されていたが、1968(昭和43)年度本予算民有車の47・520号機以降はトーマ・フレックス型(PM7、PM8型)が採用されている。

送風機の回転速度は油圧ポンプと油圧モータの間に設けられた油量調整弁によって行われ、冷却水温度によって回転数を自動調整している。

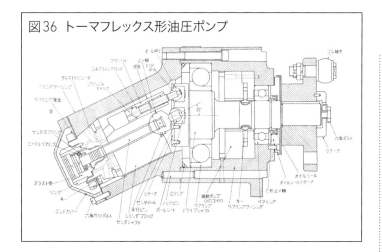

図36 トーマフレックス形油圧ポンプ

油圧ポンプ

　静油圧駆動装置の油圧を発生させるためのポンプ（図36）。内部は回転軸の端部に7本のコネクティングロッドが球面継手で接続されている。コネクティングロッドの他端にはプランジャがはめ込まれていて、プランジャはシリンダブロック内の穴にはまり込んでいる。このプランジャ部分は回転軸に対して30度の角度を持ち、回転軸が回転すると、シリンダブロックはシリンダケーシングの内部で同時に回転を始める。

　コネクティングロッドはシリンダに対して30度の角度を持っているので、回転することでプランジャがシリンダ内を往復運動することになり、シリンダに作動油を吸い込み、圧縮して高圧として排出する仕組みとなっている。高圧回路の圧力は12,400kPaとなる。

　機関回転数が高速になると作動油の吸込量が多くなり、この場合、吸込口の圧力が低下しキャビテーションが発生するため、回転軸には補給ポンプとしてトロコイドポンプがあって、常時作動油を供給している。

油圧モータ

　基本的な構造は補給ポンプがないだけで油圧ポンプと同じになっている。作用は油圧ポンプと逆で、高圧の作動油を受けることで回転し、低圧となった作動油は油圧ポンプに戻る。この油圧回路は閉回路となっているので、低圧回路の圧力は400kPaである。

補給ポンプ

　油圧ポンプに内蔵されている補給ポンプはトロコイドポンプを採用している。トロコイドポンプは内接型歯車ポンプと呼ばれるもので、歯形にトロコイド曲線を使用した容積型ポンプである。

　ハウジング内に歯数が9枚のアウターロータがあり、その中に歯数8枚のインナーロータがあって、インナーロータの中心には回転軸がある。アウターロータはインナーロータと同期回転する。アウターロータはハウジングによって回転軸と偏心した位置で回転するので、インナーロータとアウターロータの間には隙間が生じることになり、この隙間を利用して、歯が互いに離れ始めるところから作動油を吸い込み、隙間が徐々に少なくなり歯が接する箇所までの間に作動油を送り出している。送り出し圧力は400kPaとなっている。

　ちなみにトロコイドポンプとは日本オイルポンプ株式会社の登録商標で、国鉄内でも適当な呼称がなかったのか、そのままの名称で呼ばれていた。

油量調整弁

　油圧ポンプと油圧モータの間にあって、冷却水温度に応じて油圧を調整し、放熱器送風機の制御を行っている。1エンドボンネット前面点検扉を開けた右側床上に設置されていて、最上部には低圧回路、その下に高圧回路の配管が接続され、安全弁と共に一体で構成されている。内部にはバイパス穴があるシリンダがあり、内部にはピストンがある。

　下部には内部に感熱筒が納められた感熱箱があり、B列冷却水主回路の冷却水配管が接続されている。感熱筒内にはワックスが封入されており、冷却水温度により膨張収縮し、その動きをピストン棒でピストンに伝えてバイパス穴の開閉をすることで油圧の制御を行う。

　冷却水温度が低い時はピストンは戻しバネの圧力によって下がっており、バイパス穴は開口しているため、油圧調整弁本体に入った高圧油は油圧モータへは行かず、低圧回路にバイパスして油圧ポンプ吸込側に戻るので送風機は回転しない。

　冷却水温度が上昇し、感熱筒内のワックスが膨張を始めるとピストンを押し上げる。冷却水温度が70℃に達するとワックスが急激に膨張してピストンはさらに上昇、バイパス穴を閉じ始めるので高圧作動油が油圧モータに流れ始めて送風機は回転を始める。冷却水温度が80℃に達するとバイパス弁はピストンによって完全に閉塞され、高圧作動油は全量油圧モータへと流れ、その後送風機は機関回転速度に応じて変化する油圧に応じた回転速度で回転する。手動で作動状態とすることも可能である。

　冷却水温が低下した場合は感熱筒内のワックスが収縮し、ピストンは戻しバネの圧力によって下降、バイパス穴が全開すると油圧モータへの油圧が低下し送風機は停止する。

補機駆動装置

補機駆動装置は、冷却装置下部に設置されており、静油圧駆動装置と空気圧縮機の動力源とするため、機関クランク軸の回転を取り出し、動力を伝達する装置である(図37)。機関運転中は機関が常に振動しているため、その捻り振動を駆動される補機に伝えないためと、クランク軸中心と補機駆動軸中心の取付誤差を吸収する構造になっている。

機関側には充電発電機ベルト車にCGカップリングがあり、補機駆動装置側のCGカップリングの間には中間軸がある。補機駆動装置側の駆動軸にはスプラインがあって、前後動を吸収できる。静油圧装置の油圧ポンプは駆動軸が直結され、空気圧縮機はVベルトによって駆動される。

Vベルトにはバネによって張力を維持するためのベルトプーリがある。現在ではVベルトはコッグドベルトが使用されている。

なお、図37にもあるように、充電発電機は2.5kVAと7kVAの2台が設けられているが、7kVAは冬期間にSGを運転する際に2.5kVAと併用運転するもので、夏期はベルトを外して使用しない。また、SGなし車では設置されていない。

機関予熱器

機関始動を容易にするためと、機関始動後に機関自体が冷えたままでは振動などが大きくなり、機関そのものに不具合が出る恐れがあるため、冷却水温度を上げると同時に、冬期間の機関車留置時に冷却水の凍結を防ぎ、冷却水を使用している運転室暖房の効率アップを図るため、SGなし車に取り付けられている。

従来機では発熱量18,000kcal/

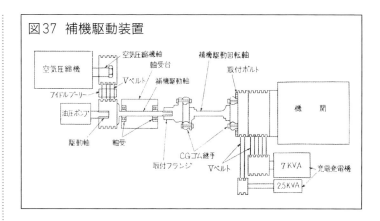

図37 補機駆動装置

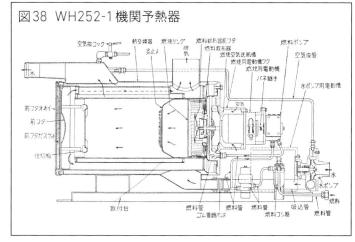

図38 WH252-1機関予熱器

hのWH180系列が用いられており、DE10形もWH180-1-2型を使用していたが、予熱時間の短縮を図るため、DE10形509号機・DE11形8号機から容量が25,000kcal/hのWH252-1型に変更されている。

WH252-1型は、従来のWH252型をDE10・11形に搭載可能なように排気管と冷却水出口管の位置を変更したものである(図38)。どちらも横向きの円筒形状で、内部に燃焼用空気を送り出すファンがあり、その前部が熱交換器になっている。

WH180-1-2型は発熱量が小さい分小型で、燃焼用送風機、燃料ポンプ、燃料散布器、冷却水ポンプが電動

機の同一軸上にあって、電源電圧(直流24V)が変動しても冷却水と燃焼の割合が変化しない利点がある。しかし、冷却水だけを循環させる際には、燃焼用送風機、燃料ポンプ、燃料散布器側の電磁クラッチを動作させて動力を切り離す必要がある。

対するWH252-1型は発熱量の増加に伴って大型になったが、燃焼関係の電動機と、冷却水ポンプの電動機を独立して2台搭載することで電磁クラッチを廃している。

また、燃焼室と熱交換器には耐食性に優れたステンレス鋼を使用し、熱交換器の水通路と燃焼ガス通路も二重構造として熱効率を高めている。

② 動力伝達装置

概　要

　動力伝達装置は機関で発生した動力を速度に応じた状態で動輪に伝達するための装置で、DE10形では機関から液体変速機への推進軸と、液体変速機、各軸にある減速機へと動力を伝達する推進軸などで構成されている（図39）。

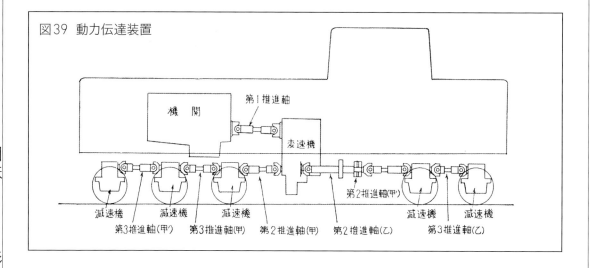

図39　動力伝達装置

機　関
第1推進軸
変速機
第2推進軸(甲')
減速機　減速機　減速機
第3推進軸(甲')　第3推進軸(甲)　第2推進軸(甲)　第2推進軸(乙)　第3推進軸(乙)
減速機　減速機

液体変速機

液体変速機の概要

　ディーゼル機関を機関車の動力源として使用する場合、機関の回転を維持するアイドリングが必須であり、最低回転数から最高回転数までの間は狭いなど、機関の特性上、回転をそのまま動輪に伝えるのは不可能である。機関車は起動時から低速域では大きな引張力（トルク）が必要であり、高速域では引張力より速度を維持するための高回転が必要となる。このため機関と動輪の間には変速機が必要で、液体変速機（トルクコンバータ）が採用されている。

　液体変速機を使用する利点としては、出力軸回転速度に応じて、トルクが連続的に変換されるので運転が円滑に行われ、運転操作も容易である。また、多数の液体変速機があっても、個々にトルクの変換を行うことから重連運転が容易で、過負荷になることがないのでエンストの恐れがない。液体（コンバータ油）を介することから、トルクの変換を行う部分では金属の接触する部分が少なく、また、車輪と機関の振動が相互に絶縁されているので耐久性や寿命が長くなるなどの利点がある。

　反対に欠点としてはトルクコンバータ部分の効率が85%、変速機全体としては82%ほどで、機械式変速機に比べると効率が悪く、変速機の損失は熱に変換されることから、変速機油を冷却する冷却装置を必要とするなどがある。

　動力の伝達と切断を行うクラッチは、大馬力機関を使用した場合、従来の摩擦式クラッチではクラッチが大型になりすぎるため、複数のコンバータを配置し、各コンバータ油を充排油する方式と、爪が噛み合う爪クラッチを併用する方式を採用した。充排油式の場合、直接摩擦する部分がないため摩耗の心配がなく、コンバータの充油時間と排油時間を調節することによって引張力が途切れることはない。反面、充油時間が必要になるため起動が遅く、歯車による伝達よりも大型になる。変速機油は泡が発生すると動力の伝達効率が悪くなるため、消泡性能に優れ、同時に各部の潤滑も行うことから耐圧性が良く、変質を最小限とするなど高価なコンバータ油を使用しなければならないという欠点もある。

　DE10形では入換時には大きな牽引力が必要であり、本線走行時には高速で走行できる性能を必要としているため、DD51形のDW2型液体変速機を基本として、低速段と高速段の切り換えが可能で、複雑な機構を持ったDW6型液体変速機が開発された。

DW6型液体変速機

概　要

　DW6型液体変速機(図40)は、DE10形のDML61ZA機関と組み合わせて使用するために設計開発された液体変速機で、入力は809kW(1,100PS)となっている。DML61ZA機関の出力は919kW(1,250PS)であり、その差の110kW(150PS)は補機駆動分を差し引いたものである。

　DD51形のDW2型液体変速機を基本としつつも、入換および本線運転用に適した機関車性能を発揮するため高低速段切換装置を持っているのが大きな特徴で、なおかつ前進と後進を切り換える正逆転装置を内蔵している。

　機関車の運転速度の全範囲にわたって効率の良い運転を行うため、速度域によって効率の異なる3個の単体充排油式コンバータを内蔵。

　その速度比に対してもっとも効率の良いコンバータに充油し、ほかのコンバータは排油して中立とする制御を行う。機関車起動時のように速度が低い範囲では1速コンバータを使用、速度が上昇するに従って効率の異なる2速、3速コンバータに切り換えて使用する。

　コンバータは回転数が高ければ小型化が可能となるため、入力軸には増速歯車があって増速し、液体変速機を介したあとは、出力側を減速するための歯車機構に加え、高低速段切換装置と正逆転装置のクラッチ機構と歯車機構がある。

特　徴

　この液体変速機の特徴は以下の通りである。

1　運転に際し全範囲にわたる高効率を実現するため、3個のコンバータを内蔵する。速度比によって入力馬力の変化が少ないアウターフロー型

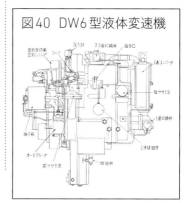

図40　DW6型液体変速機

表1　DW6型液体変速機主要諸元

名称		DW6型液体変速機		
変速機番号		日立製1000番代		川崎重工製2000番代
容量		809kW(1,100PS)／1,500rpm		
変速方式		3個の1段3要素、または1段4要素アウターフロー型コンバータ コンバータの充排油による自動3段切換		
ストールトルク比		低速段 8.5／高速段 4.6		
最高効率		82%		
変速機油の種類		富士トルクフルイドL(明石)		ソニックオイル(日鉱)
変速機油の容量		180L		
変速機油の冷却		水による間接冷却		
寸法	全長（　）内は試作機	1,727mm (1,865mm)		
	全幅（　）内は試作機	1,535mm (1,535mm)		
	全高（　）内は試作機	1,742mm (1,742mm)		
乾燥重量		5,060kg		
回転方向		入力軸は機関から見て右回り		
減速比	コンバータの速度比を0とした時の入力軸回転速度／出力軸回転速度			
	（両番代とも同じ）		正転	逆転
	1.2速	低速段 高速段	1.898 1.035	1.893 1.032
	3速	低速段 高速段	1.051 0.573	10.48 0.571

で、川崎重工製の1段3要素、または日立製の1段4要素を使用している。構造が異なるため液体変速機番号は1000番代が日立製、2000番代が川崎重工製となっている。

2 速度によるコンバータの切り換えは、入力軸と出力軸の回転速度を油圧に置き換えて取り出し、それを電気信号に変換して、その時の運転状況に最も適したコンバータに充油して自動で運転を行う。コンバータの切り換えにあたっては、充油時間より排油時間の方を長く調整しているので、引張力が途切れることはない。また、手動でもコンバータを選択して運転可能である。

3 動力の伝達、切断はコンバータの充油と排油によって行うため、液体変速機の中立位置は、3個のコンバータに充油されていない状態が中立状態となる。

4 コンバータの吸収馬力は入力軸回転速度の3乗に比例するため、ポンプの回転速度を高速にすればコンバータの小型化が可能となる。そのためコンバータの入力軸には増速歯車がある。

5 コンバータの出力側には回転速度を減速するための歯車機構に加えて、正逆転と高低速段（本線・入換）を行う切換装置がある。出力軸は液体変速機下部から前後に出され、前後台車の減速機に出力されている。

6 正逆転と高低速段（本線・入換）の切換用クラッチには爪クラッチを採用し、切換時の噛み合わせを容易にした。切り換え完了後はクラッチの状態を保持する鎖錠（ロック）装置が設けられており、運転台からの操作でクラッチを中立することはできない。よって、無動力回送の際には別途手動にて中立状態にする必要がある。

7 正逆転と高低速段クラッチ機構の保護のため回転検出装置が設けられている。これは出力軸の回転数がある程度まで低下しないと、クラッチ切換指令が出せないようになっている。

8 液体変速機自体は、台車にある減速機との兼ね合いで、車体に対して13.16度傾けて取り付けられており、前部は固定脚、後部は球面取付座になっている。

DW6型液体変速機の構造

動力伝達機構

歯車は全体で12個。コンバータは3個、クラッチは4個ある（図41）。運転中の機関からの動力は第1推進軸を介して、液体変速機の入力軸に伝えられる。入力軸には増速ギアがあり、1・2速コンバータ軸にある1・2速増速ピニオンと、3速コンバータ軸にある3速増速ピニオンに伝えられ、それぞれ2.46倍に増速して回転させている。

1・2・3速コンバータのポンプは常に回転しているが、コンバータに充油されていない時は動力を伝達することはない。なお、コンバータの前後で入力軸側を1次側、出力軸側を2次側と区別している。

〈1・2速コンバータに充油された時〉

いずれかのコンバータから同一軸となっている1・2速タービン軸を回転させ、同軸にある1・2速タービンピニオンから正転ギアに伝達される。なお、1・2速タービン軸は中空軸で、この中を1・2速コンバータ軸が貫通している。

〈3速コンバータに充油された時〉

3速タービン軸を回転させる。3速タービン軸も中空軸となっており、3速コンバータ軸が貫通して、3速タービン軸は3速コンバータ軸に支えられる形で回転している。3速タービンピニオンは3速タービン軸からスプラインを介して取り付けられ、正転ギアに回転を伝達している。

〈正転ギア〉

低速軸にあり、高速軸にある逆転ギアと常に噛み合ってこれを回している。低速軸には正転ピニオンと低

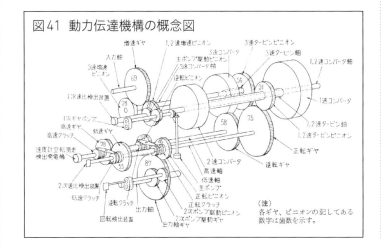

図41 動力伝達機構の概念図

速ギアがあり、高速軸には逆転ピニオンと高速ギアがある。正転ギアと低速ギアの間にある低速ギア軸は中空軸となっていて、低速軸が貫通している。逆転ギアと高速ギアの間にある高速ギア軸も同じように中空軸で、高速軸が貫通している。

〈クラッチ〉

正転ピニオンには正転クラッチ、低速ギアには低速クラッチ、逆転ピニオンには逆転クラッチ、高速ギアには高速クラッチがそれぞれある。正逆転ピニオン、および高低速ギアはそれぞれ噛み合っているが、クラッチにより伝達経路を選択するようになっていて、高低速段と正逆転クラッチを適宜組み合わせることで、その時の運転に必要な動力を伝達している。出力軸へは、正転クラッチが噛み合っている場合は低速ギア経由、逆転クラッチが噛み合っている場合は高速ギア経由で動力が伝達される。

なお、正転時には入力軸と出力軸の回転方向は逆向きとなる。

動力伝達経路

機関から出力軸へと動力が伝わるが、低速段と高速段、正転と逆転では下記のように伝達経路が異なる。

1速運転の場合

機関→入力軸→増速ギア→1・2速増速ピニオン→1・2速コンバータ軸→1速コンバータポンプ→変速機油→1速コンバータタービン→1・2速タービン軸→1・2速タービンピニオン→正転ギア

ここまではすべて共通で、運転方法により下記のように異なってくる。

〈A〉低速段正転の場合
低速軸→低速クラッチ→低速ギア→正転クラッチ→低速ギア軸→正転ピニオン→出力ギア→出力軸

〈B〉低速段逆転の場合
低速軸→低速クラッチ→低速ギア→高速ギア→逆転クラッチ→高速ギア軸→逆転ピニオン→出力ギア→出力軸

〈C〉高速段正転の場合
逆転ギア−高速軸→高速クラッチ→高速ギア→低速ギア→低速ギア軸→正転クラッチ→正転ピニオン→出力ギア→出力軸

〈D〉高速段逆転の場合
逆転ギア−高速軸→高速クラッチ→高速ギア→高速ギア軸→逆転クラッチ→逆転ピニオン→出力ギア→出力軸

2速運転の場合

機関→入力軸→増速ギア→1・2速増速ピニオン→1・2速コンバータ軸→2速コンバータポンプ→変速機油→2速コンバータタービン→1・2速タービン軸→1・2速タービンピニオン→正転ギア

以下1速の〈A〉～〈D〉と同じ

3速運転の場合

機関→入力軸→増速ギア→3速増速ピニオン→3速コンバータ軸→3速コンバータポンプ→変速機油→3速コンバータタービン→3速タービン軸→3速タービンピニオン→正転ギア

以下1速の〈A〉～〈D〉と同じ

中 立

運転する際は1・2・3速のいずれかのコンバータに充油されて動力を伝達している。充油されていないコンバータのポンプ羽根、タービン羽

表2　DW6型液体変速機の歯車

主歯車			
記号	名　　称	歯数	最高回転数(rpm)
G1	増速ギア	69	1500
G2	1・2速増速ピニオン	28	3700
G3	3速増速ピニオン	28	3700
G4	1・2速タービンピニオン	31	4090
G5	3速タービンピニオン	56	3710
G6	正転ギア	75	2770
G7	逆転ギア	58	3590
G8	低速ギア	55	5090
G9	高速ギア	78	3590
G10	正転ピニオン	45	5090
G11	逆転ピニオン	64	3590
G12	出力ギア	87	2640
補機用歯車			
記号	名　　称	歯数	最高回転数(rpm)
G20	主ポンプ駆動ピニオン	68	3700
G21	主ポンプ駆動ギア	81	3110
G22	主ポンプ駆動カサ歯車	25	3110
G23	主ポンプ披駆動カサ歯車	25	3110
G24	2次ポンプ駆動ギア	117	2460
G25	2次ポンプ駆動ピニオン	102	3000

根は回転はしているものの、動力を伝達すべき変速機油がないため動力を伝達することはない。このようなことからDW6型液体変速機では、すべてのコンバータが排油されている状態では動力を伝達することはないので、この状態が中立位置となる。

中立状態でも惰行運転中は、逆に出力軸側からタービンが回転させられているが、動力の伝達には無関係となる。このように変速機自体が中立となっていても、無動力回送の際にはタービンは回転してしまうので、これを防ぐために変速機本体において、手動で中立位置にロックすることが可能になっている。

歯車

歯車の歯の大きさを示すモジュールは6。材質はニッケルクロム鋼で、SNC21またはSNC22（現在の規格ではSNC415またはSNC815）の歯面に浸炭焼き入れを施したハスバ歯車（ハスバ角12度）を使用している。歯幅は1・2速タービンピニオンと3速タービンピニオン、正転ギアが120mmで、そのほかは100mmとなっている。

歯車と軸の結合はスプライン結合か焼バメとなっているが、高低速軸と、高低速クラッチは7度の角度を持ったヘリカルスプラインで結合されている。

歯車の記号、名称、歯数、最高回転数は表2の通りである。

コンバータ

コンバータは速度による効率の違いから、1速・2速・3速のコンバータがある。川崎重工製のものは1段3要素、日立製のものは1段4要素となり、いずれもアウターフロー型である。段（ステージ）とはタービン羽根の列数を表し、要素（エレメント）は、コンバータ内部の羽根列の総数を表している。

アウターフロー型とはポンプ羽根の前に固定された案内羽根（ステータ）があるもので、気動車に使用されるポンプ羽根とタービン羽根が向かい合っているものとは異なり、入力軸回転速度は出力軸回転速度とほぼ無関係である特徴があり、機関回転数を制御するDML61ZA機関に対して相性の良いコンバータといえる。

1速コンバータは起動用で、低速度比の範囲で低効率運転されることと、3速運転時にはタービン羽根の空転による発熱量が多いためコンバータ周囲を水嚢（すいのう）で包み、コンバータケースは本体外部に露出している。充排油は下部に設けられた1速切換弁によって行われる。

2速コンバータおよび3速コンバータはほぼ同形だが、取付位置の関係で外郭が異なり、いずれも変速機箱内に納められている。充排油は上部に2・3速切換弁があり、下部に排油弁がある構造となる。

なお、コンバータ内部のポンプ羽根、案内羽根、タービン羽根相互の隙間は0.5～1mmとなっている。

変速機本体ケース

ケーシングとも呼ばれる。歯車やクラッチ、コンバータなどを納めるケースである（図42）。

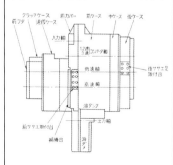

図42　変速機ケース全体図

ケースは鋳鉄のFC20（現在はFC200）製で、機関側からクラッチケース、速段ケース、前カバー、前ケース、中ケース、後ケースの6個に縦割り分割されたもので、歯車室とコンバータ室は分離されている。

コンバータの作動油の循環、歯車、軸受の潤滑、回転検出などを行う制御油などの循環経路を円滑に行うため、コンバータ室下部に油タンク、歯車室下部に油ダメが設けてあり、歯車室下部の油ダメに回収された変速機油はポンプで汲み上げられ、コンバータ室下部の油タンクへと戻され、ここから各部へ供給されるドライサンプ方式を採用している。

クラッチおよび速段ケース

変速機前カバー前方の張り出し部分に取り付けられるケースで、この上には第1推進軸（推進軸の項を参照）が通っている。

速段ケースの前にクラッチケースがあり、さらに前フタが取り付けられている。低速軸と高速軸が前カバーを貫通しており、速段ケース内部には高低速ギアと、高低速段切換用のクラッチとリンク装置などが納められている。クラッチケース外側には高低速段切換手動操作ハンドルと指針がある。前フタには高速軸によって回転される速度計用発電機、空転検出用の発電機があり、低速軸の回転を検出するための2次速比検出装置が取り付けられている。

前カバー

前ケースをカバーするためのフタで、前ケースと合わせて歯車室を構成する。最上部には入力軸が入り、内部には増速ギア、1・2速増速ピニオン、3速増速ピニオン、主ポンプ駆動ピニオン、正逆転ピニオン、出力ギアの前部軸受がある（図43）。前部中央部は張り出していて、この部分に速段ケースが取り付けられ、逆転機

国鉄 DE10形 ディーゼル機関車

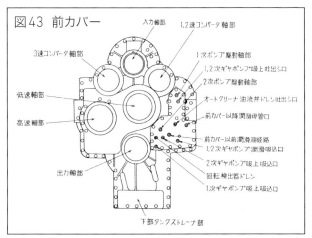

図43　前カバー

入力軸部
1.2速コンバータ軸部
3速コンバータ軸部
1次ポンプ駆動軸部
1,2次ギヤポンプ吸上吐出シロ
2次ポンプ駆動軸部
オートクリーナ油溜弁ドレン吐出シロ
低速軸部
前カバー以降潤滑母管口
高速軸部
前カバー以前潤滑油経路
1,2次ギヤポンプ潤滑吸込口
2次ギヤポンプ吸上吸込口
回転検出器ドレン
出力軸部
1次ギヤポンプ吸上吸込口
下部タンクストレーナ部

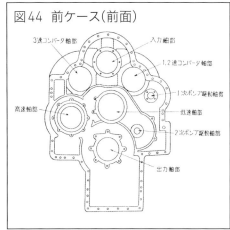

図44　前ケース（前面）

3速コンバータ軸部
入力軸部
1.2速コンバータ軸部
1次ポンプ駆動軸部
高速軸部
低速軸部
2次ポンプ駆動軸部
出力軸部

構と逆転クラッチとそのリンク装置が納められている。

また、前述の高低速段切換手動操作ハンドルと並ぶ形で、逆転手動操作ハンドルが設けられている。前面右側には補機台が取り付けてあり、変速機油を循環させる1次歯車ポンプ、2次歯車ポンプなど関連する補機が設けられている。

前ケース

前カバー後面と中ケース前面の間に取り付けられている。前部は前カバーと合わせて歯車室を構成している（図44）。後部は中ケースと共に2・3速コンバータ室を構成し、下部は油タンクになっている。そこに1・2速増速ピニオンと共締めされた主ポンプ駆動ピニオン、主ポンプ駆動ギア、主ポンプ駆動カサ歯車、主ポンプ被動カサ歯車を介して駆動される主ポンプが納められている。

前カバーと共に構成される前部歯車室は1次側歯車（増速ギア、1・2速増速ピニオン、3速増速ピニオン、主ポンプ駆動歯車群）と、2次側歯車（正転ピニオン、逆転ピニオン、出力ギア、2次ギアポンプ駆動歯車群）とは隔壁で仕切られており、その下部は前カバーと共に油ダメとなっている。

ケース上面には2・3速切換弁の取

付座があり、側面には2速排油弁と3速排油弁の取付座があり、変速機を車体に取り付けるための前ササエ取付台があるが、変速機は車体に対して13.16度傾けて取り付けられているため、前ササエ取付台もそれに合わせて傾斜している。

中ケース

前ケースと後ケースの間にあって、貫通するボルトによって前後ケースに取り付けられている。後面は歯車室となっていて、1・2速タービンピニオン、3速タービンピニオン、正転ギアが納められている。

前面は前ケースと共に2速コンバータ室と3速コンバータ室を構成し、コンバータ室下部は油タンクになっていて、その中を低速軸と高速軸が貫通している。また、コンバータピニオン軸受、正逆転ギア軸受、正逆転ギア潤滑油用配管がある。

中ケース上面には油冷却器からの冷油入口があり、油冷却器を通って冷却された油が、配管を通って油タンクの底に導かれている。

油タンク下部には1速コンバータに充油するための連通管があり、中ケース後面の歯車室と後ケースを貫通して1速切換弁への通路が構成されている。

後ケース

変速機後部にあるケースで、中ケースを介して通しボルトによって前ケースと結合している。中ケース後面と共に歯車室を構成しており、右下部は隔壁によって油タンクになっていて、1速コンバータの排油は1速切換弁から排油管を通ってここに戻される。後面右側に取り付けられる1速コンバータは、後ケース内側からボルトによって取り付けられ、1速コンバータに並んで縦に油冷却器が取り付けられている。

両側面には後ササエ脚を受ける座がある。後ササエ脚は振動などを吸収するため車体に対して球面運動を許容するが、左脚はこれに加えて5mm横方向にも移動できるようになっている。前ササエと同じように後ササエ脚も傾斜している。

速度段切換装置・正逆転装置

高低速段の切換を行う速度段切換装置は、1・2速タービンピニオン、3速タービンピニオンから正転ギアに伝達された動力を、入換用か本線用かの機関車の使用目的に合わせ速度の切換を行うもので、変速機前部寄りの

速段ケースに取り付けられた操作空気シリンダ、ロック装置と、クラッチケースに収められたクラッチとリンク機構によって構成されている。

機関車の進行方向を決定する正逆転装置は、速度段切換装置の低速ギア、高速ギアから伝えられた回転方向を正転ギア、逆転ギアで方向を変え、出力ギアに伝達する機構である。前ケースに取り付けられた操作空気シリンダ、ロック装置と、前カバーに収められたクラッチとリンク機構によって構成されている。基本的な構成は速度段切換装置と同じだが、クラッチはスプライン径の異なるものが使用されている。また、クラッチのスプラインは正転と逆転、低速と高速では回転方向が異なるため、爪の向きとスプラインの向きが異なっている。

DW6型液体変速機における速度段切換装置・正逆転装置の特徴を挙げると

〈A〉端面（フェイス）クラッチであるためストロークが小さい
〈B〉手動で中立位置にするために手動操作ハンドルがある
〈C〉DW2型液体変速機にあった補助クラッチがない（DW2型も後になくなっている）
〈D〉クラッチの摺動スプラインがハスバになっている
〈E〉ロック装置に範囲スイッチがある
〈F〉不用意な焼き付きを防ぐため、シフタコマのストロークとクラッチのストロークが一致しない
〈G〉逆転・速度段切換手動ハンドルを操作しただけではクラッチが入らないことがある
〈H〉爪クラッチの動力伝達面に傾きはないが、背面には15度（試作車は10度）の傾きがある
〈I〉正逆転と速度段の切り換えのために同一のものそれぞれ1組ずつある

速度段切換機構・逆転機構

逆転機構と速度段切換機構は、一部に若干の差異はあるもののほぼ同じ機構で（図45）、作動状況も同じである。逆転機構を例にとって、逆転から正転へ転換される作用を解説していく。

1 逆転クラッチが入った状態から、運転台の逆転ハンドルを1進（正転）位置に転換すると、出力軸回転数が5rpm以下にある時のみに正転電磁弁が励磁される。電磁弁からのエアはロック装置の逆転ロックシリンダに入り、クラッチを動作させるシフタ操作ピストン棒をロックしている逆転ロックを抜く。逆転ロックシリンダが最も押し込まれた位置にはエアの通路があり、ここからロック装置上部の操作エアシリンダ上部室にエアが流入し、ピストンを下方に押し下げる。

この時、ノッチオフ直後でコンバータの排油が終わっていない状態だと動力の伝達は継続しており、クラッチのスプラインが7度の角度を持っており、この捻れによってクラッチが入る方向に力が加わっているため、クラッチは機械的に抜けない状態になっている。

2 クラッチに加わる残留トルクが1,422N・m（145kgf-m）以下、または残留トルクがない場合は逆転クラッチは抜けて、シーソーのようなリンク機構の作用により正転クラッチが入る。しかし、爪クラッチでは爪の先端同士が当たってクラッチが入らないことがある。この場合ではロック装置の正転ロックはシフタ操作ピストン棒の切り欠き位置には入らない。この時、正転ロックと逆転ロックの間にある範囲スイッチがシフタ操作ピストン棒の位置が正転側にあることを検出し、運転台の1進表示灯は白色に点灯し、正転転換準備が完了したことを示す。この状態でマスコンハンドルをノッチアップすると、1速コンバータに充油されるが、正転電磁弁は励磁されたままなのでまだ力行回路は構成されず、力行運転を行うことはできない。

3 クラッチが完全に噛み合うと正

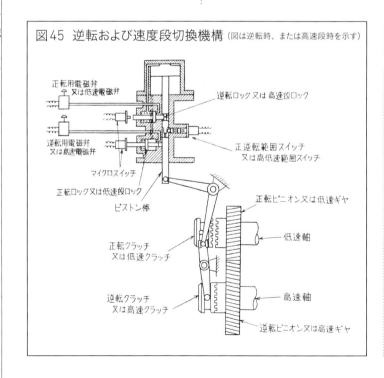

図45 逆転および速度段切換機構（図は逆転時、または高速段時を示す）

正転用電磁弁又は低速電磁弁
逆転用電磁弁又は高速電磁弁
マイクロスイッチ
正転ロック又は低速段ロック
ピストン棒
正転クラッチ又は低速クラッチ
逆転クラッチ又は高速クラッチ
逆転ロック又は高速段ロック
正逆転範囲スイッチ又は高低速範囲スイッチ
正転ピニオン又は低速ギヤ
低速軸
高速軸
逆転ピニオン又は高速ギヤ

転ロックがシフタ操作ピストン棒の切り欠きに落ち込み、マイクロスイッチがその状態を検知することで正転電磁弁が消磁し、運転台の1進表示灯が緑色に点灯する。ここでようやく力行回路が構成されて運転が開始できる。

クラッチが入る動作を行っている時、10秒以内にクラッチが入らないと機関はアイドリング運転となり、1速コンバータは排油されるので、マスコンハンドルを一旦切位置に戻し、再度ノッチアップし直す必要がある。なお、158・574・1005号機までは、機関回転速度を自動的に3ノッチ相当まで上げる制御をしていた。

正転電磁弁が消磁されるとピストン上部室に入っていたエアは抜けるが、ロック装置の正転ロックによりシフタ操作ピストン棒がロックされるため、クラッチは正転位置を保ったままとなる。

各速度段における逆転時の減速比は、動力伝達経路が複雑であるが故に表1のように、前後進で若干の違いがある。しかし、液体変速機を利用していることで、これらの違いや、車輪直径の変化による機関車固体の速度差は吸収できるため、実際の走行には問題ない。

ロック装置・範囲スイッチ

速度段切換機構と、正逆転切換機構のクラッチの作動とロックを行う部分で、速度段、正逆転とも同形のものが使用されている。2個のロックシリンダ、操作エアシリンダ、シフタ操作ピストン棒、中立手動ハンドルなどで構成されている。2個のロックシリンダは下側が正転・低速側となっており、上側は逆転・高速側ロックシリンダとなる。

動作は前述の通りで、ロックシリンダにあるロックピストン先端はピンになっていて、バネの作用によってクラッチのリンク装置を動かすシフタ操作ピストン棒の切り欠きに入り込んでロックしている。ロックシリンダにエアが入っている時はピンがシフタ操作ピストン棒の切り欠きから離れるため、シフタ操作ピストン棒は動ける状態になる。ロックピストンが完全に押し込まれた位置には空気通路があり、正転・低速側のシリンダからは操作エアシリンダ下部室、逆転・高速側のシリンダからは操作エアシリンダ上部室に通じており、操作エアシリンダを動作させてクラッチを切り換える。ロックシリンダにはマイクロスイッチがあり、ピンが切り欠きに落ち込んだ際に電気回路が閉となり、切換動作が完了したことを検知している。

範囲スイッチは「正転・低速」と「逆転・高速」の切り換えを行う際、クラッチの山が当たって入らない場合に、シフタ操作ピストン棒が「正転・低速」と「逆転・高速」のどちらの範囲にあるかを検知するスイッチである。シフタ操作ピストン棒の途中にはテーパー部分があり、ここにバネで鋼球が押さえつけられており、この位置を検出している。

この場合、クラッチは噛み合っておらず、運転台の進行方向表示灯が白色に点灯し、転換準備が完了しているものの、転換は完了していないことを運転士に知らせている。

また、中立手動ハンドルがあって、無動力回送などの際にこのハンドルを操作することで、クラッチを中立位置に固定することができる。

リンク機構

ロック装置のシフタ操作ピストン棒の動きをクラッチに伝えるための機構（図46）。上下方向に動作するシフタ操作ピストン棒の動きを直角に変更するベルクランクがあり、この部分に手動で切り換えを行う手動レバーがある。

ベルクランクの先端にはシーソーのような構造をしたシフタがあり、二股になったシフタ先端にはクラッチを動かすため、クラッチのミゾの入り込むシフタコマが取り付けられている。

シフタコマはクラッチミゾに対して、寸法的に1mmの隙間がある。クラッチ切換中はクラッチのミゾに側面が接触してクラッチを押しているが、切り換えが完了してロック装置の操作エアシリンダのエアが抜けると、シフタコマは1mmの隙間によってクラッチミゾから離れ、不用意な焼き付きを防いでいる。

クラッチ装置

正逆転・速度段切換機構で動力伝達のON・OFFを行うための装置。DW6型液体変速機では爪で動力伝達を行う端面（フェイス）クラッチが採用されている。円筒形状をしており、内側にはクラッチを移動するため、7度の捻れスプラインがある。

クラッチは全部で4個あり、低速・正転クラッチと、逆転・高速クラッチでは動力伝達方向が逆向きとなるのでクラッチの爪の向きが逆である。

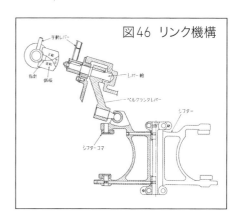

図46 リンク機構

内側の捻れスプラインの向きも逆で、低速・正転クラッチ右捻れ、逆転・高速クラッチでは左捻れになっている。

試作車のクラッチは一体型でボス内部に捻れスプラインが切ってあったが、量産車ではクラッチ部分とスプライン部分を別体とし、焼バメによって組み立てて、クラッチ部分の全長を短くした。

爪クラッチの動力伝達は、相手側の谷状になった部分に爪が入り込んで動力伝達を行うが、この接触部分は垂直となっている。しかし、クラッチに動力を伝達する部分が捻れスプラインになっているため、動力を伝達している時はクラッチを押し付ける方向に力が加わるため、クラッチが抜けることはない。

クラッチの爪先端は曲線状に加工されており、クラッチが噛み合おうと前進する際に、捻れスプライン面の接触力により噛み合おうとする力が加わり、最終的に1速コンバータに充油されてクラッチが噛み合う。

惰行に移行した際は捻れスプラインの作用によって、クラッチが抜ける方向に力が加わるが、爪クラッチ背面に捻れスプラインの7度より大きい15度（試作車では10度）の角度を付けているため、出力軸側からクラッチに動力が伝達される状態では

クラッチが抜けることはない。

また、お互いのクラッチは歯車によって逆方向に回転しており、一方のクラッチを抜いて他方に入れる際は、逆向きの回転によりクラッチが入りやすくなっている。

速度比検出装置・回転検出装置

コンバータの効率は入力軸（1次側）と出力軸（2次側）の回転数の比、つまり速度比によって変化する。DW6型液体変速機ではそれぞれ効率の異なる3個のコンバータを使用しており、効率良く液体変速機を運転するために速度比を常に監視し、その運転状態において最も効率的なコンバータを使用している。この監視と指令を行う装置が速度比検出装置（スピーダ）である。

本変速機では制御油の圧力を利用した油圧式を採用している。ポンプ側となる1次側の回転数を油圧に変換し、タービン側の2次側の回転数と比較してマイクロスイッチの開閉を行い、電気信号に置き換えて制御している。制御油に関しては後述の「油圧回路」の項を参照されたい。

1次速度比検出装置

日立製のものは1・2速コンバータ軸、川重製のものは3速コンバータ軸の前端に取り付けられており、機関の調速機構に使用されるフライウェイトを使い2次速度比検出装置に送る油圧を作り出している（図47(a)）。

1次スピーダケースには、350〜600kPaの制御油が供給されるA穴と、2次スピーダに制御油圧を送り出すB穴、および絞り弁から余分な制

表3 DW6型液体変速機の速度切換比

速度段	低速段	高速段
1速→2速	0.350	0.643
2速→1速	0.315	0.577
2速→3速	0.591	1.087
3速→2速	0.517	0.947
3速→過速	0.963	1.765
過速→3速	0.912	1.672

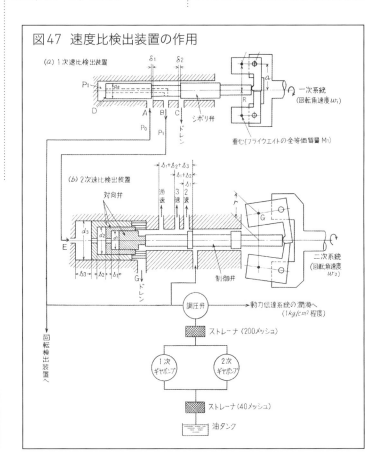

図47 速度比検出装置の作用

御油を排出するドレン穴がある。その中にフライウェイトによって動かされる中央部分に切り欠きがある絞り弁が内蔵されている。切り欠き部分はA穴が閉じている時に、ドレン穴が開き切った状態になる位置にある。

コンバータ軸が回転を始めるとフライウェイトは遠心力で外側に広がり、同時に絞り弁が左へと移動することでA穴が開き始め、同時にドレン穴が狭まり、切り欠き部分に入る制御油の油圧が高まる。切り欠き部分の油圧はA穴の隙間とドレン穴の隙間が絞り弁の位置で決定される。つまり回転速度に見合った油圧がB穴を通って2次スピーダへ供給されている。油圧はコンバータ軸の回転速度の自乗に比例した圧力となる。

また、絞り弁には切り欠き部から図の左側のシリンダ室まで穴が通じており、切り欠き部分の油圧がシリンダ室まで導かれると、フライウェイトが絞り弁を押す力と拮抗し、絞り弁は一定の位置に留まり続けて2次スピーダへの油圧が安定する。

コンバータ軸の回転数が減少すると、フライウェイトが絞り弁を押す力が弱まり、シリンダ室の油圧が勝って絞り弁を右へ移動し、ドレン穴から切り欠き部分の油圧を排出することで、2次スピーダへの油圧は低下する。

2次速度比検出装置

1次側（コンバータ軸）から出力された油圧と、2次側（低速軸）の回転速度とを比較して制御弁を動作させ、その制御弁によって制御油通路を切り換え、この油圧によりマイクロスイッチを動作させて、2・3速切換弁を動作させると共に、過速の検知を行っている（図47(b)）。

1次スピーダと同様に、フライウェイトを使用して回転数を軸方向の移動量に変換しており、その先には

制御弁があり、さらに対向弁につながっている。対向弁は直径の異なる大中小3個のピストンがシリンダ内に重なった構造で、シリンダには1次スピーダのB穴からの油圧が導かれている。制御油は1個目と2個目の対向弁中央にある穴から導かれ、3個の対向弁それぞれに油圧が加わる。

機関が回転すると入力軸・コンバータ軸も回転し、1次スピーダからの油圧が対向弁の左側に加わり、それぞれの対向弁を右側に押し付けて、連結している制御弁も右側へ移動しているため、制御弁は2・3速、過速マイクロスイッチへの通路を閉じている。

ノッチオンと同時に1速電磁弁が励磁され、1速コンバータに変速機油が入り、低速軸が回転を始めるとフライウェイトも回転し、遠心力によって制御弁と対向弁が左に押される。3個の対向弁に加わる油圧は同じだが、制御弁寄り（右側）の対向弁は直径が小さく受圧面積が小さいことから、まずこの対向弁が制御弁に押される。この対向弁が2番目の対向弁に接した位置で、制御弁は2速マイクロスイッチへの通路を開き、2速マイクロスイッチがONになる。これにより1速電磁弁が消磁し、1速コンバータの排油が始まると同時に2速電磁弁が励磁され、2速コンバータに充油され変速機は2速に切り換わる。

さらに低速（出力）軸の回転数（速度）が上昇し、中央の対向弁が左へ移動すると、制御弁は3速マイクロスイッチへの通路を開き3速マイクロスイッチがONになる。2・3速マイクロスイッチがONになった時点で2速電磁弁は消磁し、2速コンバータからの排油が始まり、同時に3速電磁弁が励磁されて3速コンバータへの充油が始まり、3速運転に切り換わる。

3速運転から速度がさらに上昇すると、フライウェイトの遠心力は対向弁全体に加わる全油圧に打ち勝っ

て、制御弁全体が左へ移動する。この位置では制御弁は過速マイクロスイッチへの通路を開き、過速マイクロスイッチがONになり、運転台に過速表示灯が点灯する。

減速した場合の動作は逆となり、低速（出力）軸の回転速度が低下すると、対向弁に加わる油圧が打ち勝って制御弁を右へ移動させ、過速マイクロスイッチの通路をドレン側に通じることで油圧を排出し、過速マイクロスイッチがOFFになる。3速、2速マイクロスイッチも同様である。

切換速度比は表3のようになっていて、コンバータを効率良く運転するため、速度上昇時と減速時では切換速度比にラップを持たせている。また、制御油圧は機関回転速度により350〜600kPaに変化するが、1次スピーダ、2次スピーダに加わる油圧は同じ圧力であり、1次スピーダの油圧も、元の制御油圧に比例した油圧が出力されるので、制御には問題はない。

回転検出装置

回転検出装置は油圧（機械）式と電気式の二重保護になっている。二重保護のため一方が正常でも、一方が故障すると逆転操作が不能となるため、第1運転台裏側に検出短絡スイッチがあり、「機械式」「中立」「電気式」の3位置がある。通常は「中立」位置としているが、いずれか一方が故障した際、「油圧式」が故障した場合はスイッチを「機械式」に切り換えて運転を継続することが可能である。

油圧式回転検出装置

出力軸（2次側）が回転している時に、速度段切換装置や逆転機が作動すると爪クラッチの破損につながる。これを防ぐために設けられているのが油圧式回転検出装置だ。

原理的には回転軸の内部に圧力を

持った制御油を通し、回転軸の1点に噴出穴を設けて、軸が回転した時に一定の位置に来ると油圧が噴出するようにして、その油圧をシリンダへ送り込む。シリンダにはピストンがあって、油圧によってマイクロスイッチをON・OFFできるようになっている。また、シリンダには絞りを設けた逃がし穴があって、回転軸から供給された油圧をゆっくり逃がす構造になっている(図48)。

回転軸から噴出穴を通ってシリンダ内に導かれると、シリンダ内の油圧が上昇し、それに従いピストンも上昇してマイクロスイッチが作動する。シリンダ内の油圧は逃がし穴から排出されるため油圧が減少、ピストンはバネによって下降しすぐに不

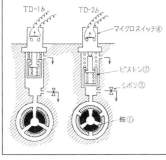

図48　回転検出機能図

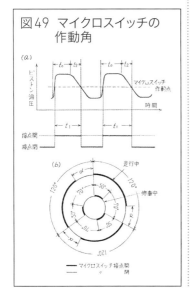

図49　マイクロスイッチの作動角

作動になる。回転数が上昇すると、逃がし穴から油圧が排出されるよりもシリンダ内の油圧供給量が多くなるため、マイクロスイッチがONになる時間が長くなる(図49(a))。このようにマイクロスイッチの作動点を監視することで、出力軸の回転状態を検出している。

実際には噴出穴が120度ずつ3個あるものが、A系列とB系列の2組が使用されている。AとBの2系列があるのは軸が停止している時のことを考慮している。回転軸に設けられた噴出穴は120度の間隔で3個あり、A系列とB系列では噴出穴の位置が60度ずれている。噴出穴が1個の場合でみると180度の換算となる。

A系列とB系列の2つの回転軸とシリンダに通じる噴出穴の角度は70度おきにほぼ50度になり、静止中では少なくともどちらか一方のシリンダには油圧がない状態になる(図49(b))。回転速度が上昇すると両方のシリンダの油圧が排出しきれず、マイクロスイッチは作動状態になる。

マイクロスイッチはシリンダに油圧があって、ピストンが上昇している時にOFFになるB接点で、この接点は並列に接続されている。この接点の先には回転検出限時継電器1(TDTR1)のコイルがあり、走行中は2個のマイクロスイッチはOFFになっているためTDTR1は消磁されている。機関車の速度が低下して出力軸の回転数が減少すると、どちらかのマイクロスイッチがONになる瞬間が出始めるが、TDTR1は約2秒(1.5〜2秒で調整可能)の時素(タイムラグ)を持って動作する限時継電器なので、2個のマイクロスイッチのONになる時間が合計2秒以上になるまでTDTR1は励磁されない。クラッチの転換が可能になる回転速度は5rpmである。

TDTR1が励磁されると回転検出補助継電器(TDAR)が励磁され、速度

段や逆転動作が可能になる。TDARの励磁と同時に回転検出限時継電器2(TDTR2)も励磁される。TDTR2は約7秒(7〜10秒で調整可能)のタイムラグを持っており、TDTR1が一旦消磁されてもTDARの励磁を保持し続けている。

検出回転速度はシリンダの絞り、ピストンのバネ力、マイクロスイッチの動作時間によって調整できるが、製作誤差などもクラッチ投入時の相対回転速度が30rpmを超えないことと、急停車後でも切換時間が4秒を超えないことなどを条件に以下のように調整されている。

1 回転速度を下げた時にTDTR1が常時励磁される回転速度は5rpm

2 回転速度を下げた時にTDTR1が瞬間励磁される回転速度は10rpm

3 1と2の条件を達成するため、TDTR1とTDTR2の時素の調整値は、TDTR1は1.5〜2秒。TDTR2は7〜10秒で調整する。

電気式回転検出装置

後述の空転検出装置・滑走検出装置にある単相交流発電機からの出力を利用している。単相交流発電機は32極で高速軸1回転あたりで正弦波を16個発生し、発生電圧は回転数に比例している。回転数が10rpmでは0.15Vで、最高回転数の3,700rpmでは約55Vとなっている。これをトランジスタなどの半導体で構成された論理回路で電圧の比較を行い、高速軸回転数が10rpmとなったことを検出している。10rpm以上の場合は回転検出継電器を消磁し、逆転動作ができないように保護している。

空転検出装置・滑走検出装置

高速軸前端に取り付けられており、動軸の空転と滑走を検知する装置。検出器は発電機を利用したもの

で、三相と単相（ピックアップ部）の2種類のコイルがある32極の交流発電機で、高速軸側に3組の永久磁石による固定子が取り付けられている。高速（低速）軸は機関車が走行中であれば、逆転クラッチが中立でない場合以外は常に回転している。

単相出力は逆転機保護のための回転検出と過速検出、速度計指示の3つの用途に使用されている。特に過速検出は、他車に牽引されて液体変速機の設計速度を超えた際に、1速コンバータが焼損するのを防ぐため、非常ブレーキを作用させるのにも使用されている。このため電源の必要がない永久磁石による交流発電機を採用している。

過速検出は高速軸回転速度が3,700rpm（動輪径860mmの時、低速段で53±1.5km/h、高速段で98±3km/h。動輪径によって変化する）に達した場合、単相発電機の発生電圧により過速度検出回路のメーターリレーを動作させ、自車で運転中の場合は直ちに力行回路を開放し非常ブ

レーキが作用する。また、無動力回送時には非常ブレーキが作用する。

保安装置をATS-P型に置き換えると、この交流発電機はパルス発電機に置き換えられ、過速検出ができなくなるので、確実に液体変速機を手動で中立にしなければならない。

三相出力は空転と滑走を検知している。速度に比例した電圧を微分回路で微分し、毎秒の高速軸回転数の増減による電圧変化（低速段、高速段による切り換えに連動）を検知し、この増減値が5km/h/s（5～10km/h/sで調整可能）を超過した場合に空転または滑走とみなし、運転台に警報ブザを鳴らすと共に、赤色の空転表示灯を点灯させて機関士に知らせる。なお、量産車では同時に進行方向に応じて自動で撒砂を行う。

油圧回路

この変速機の制御は電気とエア、油圧によって行われており、油圧回路は「循環回路」「潤滑回路」「制御

回路」の3回路に大別される。使用される油は同一の変速機油だ。

循環回路

動力伝達のため各コンバータに充排油を行うための回路で、コンバータの後に油冷却器がある。油タンクから変速機油を汲み上げて各部に送油する主ポンプ（後述）と、空気シリンダを内蔵し、電磁弁によるエアで作動する1速切換弁、2・3速切換弁、2速排油弁、3速排油弁などの弁と、油冷却器によって構成されている。

循環回路では電磁弁の作用により変速機油の流れが「中立位置」「1速電磁弁作用時」「2速電磁弁作用時」「3速電磁弁作用時」の4つの組み合わせがある。なお、1・2・3速電磁弁は同時に励磁されることはない。

主ポンプ

主ポンプは循環回路の供給源で、1・2速コンバータ軸にある主ポンプ駆動ピニオンにより駆動され、油タ

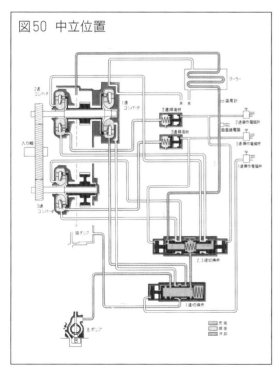

図50 中立位置

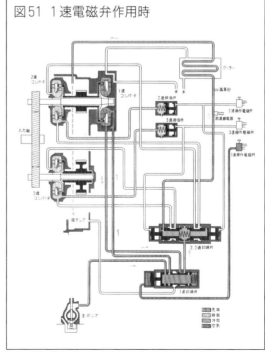

図51 1速電磁弁作用時

ンク内に設けられている。よって機関停止中には主ポンプは動作しない。

コンバータへの充油を行うための重要なポンプなので、機関が低速回転時においても十分な油流を確保するため、斜流ポンプを使用している。斜流ポンプは水ポンプなどに使用される遠心ポンプに比べて、流量変化に対して圧力変動が少ない利点がある。変速機油は主ポンプ下部に取り付けられた60メッシュのコシ網を通して主ポンプに吸い込まれる。

中立位置

1・2・3速電磁弁がいずれも作用していない時の状態で、各コンバータは排油状態で機関車が停車中、または惰行運転中の状態である(図50)。

機関運転中、主ポンプは1・2速コンバータ軸によって常に回転しているため、変速機油の供給は途絶えることはなく、経路は、油タンク→1速切換弁→2・3速切換弁→油冷却器→油タンクと循環しているだけで、い

ずれのコンバータにも充油されないため動力は伝達されない。

1速電磁弁作用時

運転準備が完了しマスコンのノッチオンによって1速電磁弁が励磁されると、エアによって1速切換弁が動作し、1速コンバータを充油する回路が構成される(図51)。この時の経路は、油タンク→主ポンプ→1速切換弁→1速コンバータ→1速切換弁→2・3速切換弁→油冷却器→油タンクとなる。

1速コンバータ内では変速機油がポンプからタービンへ動力を伝達しているが、損失分の発熱があることから主ポンプからは常に変速機油が供給され、供給された分と同じ量が1速切換弁に戻り、ここから2・3速切換弁を経て油冷却器に至り、冷却水と熱交換して冷却され状態で油タンクへ戻り循環している。

なお、コンバータの変速機油出口には絞りがあって、コンバータ内の

油圧を維持している。

2速電磁弁作用時

速度比検出装置からの指令により2速電磁弁が励磁されると、同時に1速(3速)電磁弁は消磁する。1速切換弁は動作を止め、1速コンバータを排油すると共に、再び1速切換弁内部を通って2・3速切換弁への回路を構成する(図52)。

2・3速切換弁はエアによって弁体が移動し、弁体外周の通路によって2速コンバータへの充油回路を構成し、同時にエアは2速排油弁の通路を閉鎖する。この時の経路は、油タンク→主ポンプ→1速切換弁→2・3速切換弁→2速コンバータ→2・3速切換弁→油冷却器→油タンクとなる。

3速電磁弁作用時

速度比検出装置からの指令により3速電磁弁が励磁されると、同時に2速(1速)電磁弁は消磁する。2・3速電磁弁の内部の弁体は2速ピストン

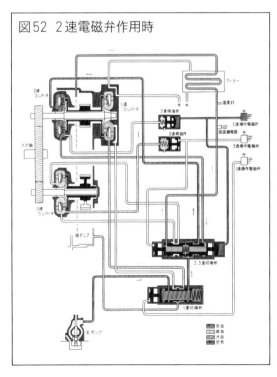

図52 2速電磁弁作用時

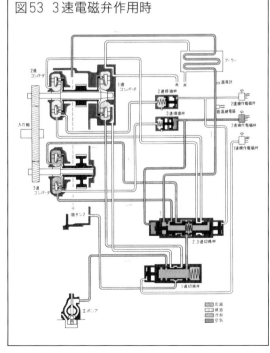

図53 3速電磁弁作用時

国鉄 DE10形 ディーゼル機関車

のエアがなくなり、3速ピストンにエアが入ることで、3速コンバータへの充油回路を構成する（図53）。同時に3速排油弁の通路を閉塞するので、3速コンバータの充油が始まる。

　また、2速排油弁のエアもなくなることから、弁体はバネによって排油位置に復帰し、2速コンバータから油タンクへと排油している。この時の経路は、油タンク→主ポンプ→1速切換弁→2・3速切換弁→3速コンバータ→2・3速切換弁→油冷却器→油タンクとなる。

　この状態でマスコンをノッチオフすると、1・2・3速電磁弁がすべて消磁されることから、2・3速電磁弁はバネの作用によって2・3速コンバータへの充油回路を閉鎖して、油冷却

器に変速機油を送る通路を構成する位置を取り、3速排油弁もエアがなくなったことで排油位置となって3速コンバータは排油し、動力の伝達が行われない中立位置となる。

排油弁

　2速、3速コンバータから変速機油を排油する弁である。1速切換弁は1速コンバータ下部にあって充油と排油を司っているが、2・3速切換弁はコンバータ上部にあるため、排油弁がそれぞれの下部に設けられている。

　2速電磁弁が励磁して2・3速切換弁が2速側に切り換わると、同じ電磁弁から供給されたエアによって2速排油弁を閉塞。3速排油弁にはエアが

供給されておらず、3速コンバータ側の排油弁は開いたままになっている。

　2速→3速に切り換わると2速排油弁は排油位置となって排油され、3速電磁弁は閉塞されて、3速コンバータは充油される。この時、排油が早いと回転力の伝達が途切れるおそれがあり、逆に遅いと2個のコンバータで動力が伝達された状態になり、効率の低下と共に発熱の原因にもなるので、排油口の面積はそれを考慮した設計となっている。充油時間は機関回転数によって変化するが、フルノッチ時に約2秒となっている。

潤滑回路

　変速機各部の潤滑を行うための回路で、潤滑回路と汲上回路からなっている。1次潤滑歯車ポンプ、2次潤滑歯車ポンプ、1次汲上歯車ポンプ、1次油流継電器、2次油流継電器、チリコシなどで構成されている（図54）。

　潤滑ポンプと汲上ポンプにそれぞれ1次と2次の計4個があるのは、動力源が1次は機関の回転、2次は出力軸の回転によるもので、楕行中などで機関回転数が低下した状態でも、潤滑油量を確保するためである。さらに無動力回送時などで機関停止中でも一部のギアは回転しており、その潤滑を行う必要があるためである。

　潤滑回路は油タンクの主ポンプ脇に1・2次潤滑歯車ポンプ吸込口があり、ここから変速機油を吸い込み、1次、2次潤滑歯車ポンプによってそれぞれ1次、2次油流継電器へと送り込まれる。

　油流継電器を経由した変速機油は逆止メ弁を経て、オートクリーナ（チリコシ）の手前で合流し、調圧弁でオーバーフローした変速機油が潤滑回路で使用される。循環回路は調圧弁で圧力調整を受けていないので、機関回転速度が上昇するか、車速が上昇すれば、その分だけ圧力も上昇

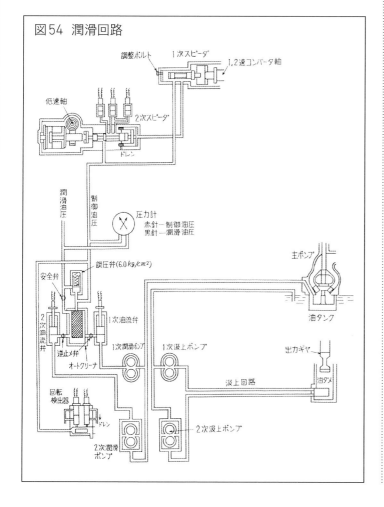

図54　潤滑回路

する。

　各部を潤滑した変速機油は最終的に、変速機最下部にあたる出力ギア下部の油ダメに集められる。汲上回路はこの変速機油を油タンクへ戻す回路で、潤滑ポンプと同じように1・2次汲上ポンプがある。

制御回路

　調圧弁で350～600kPaに調圧された変速機油は、1次速度比検出装置と2次速度比検出装置、回転検出装置に供給されている。制御回路に関しては「速度比検出装置・油圧式回転検出装置」の項を参照されたい。

1次歯車ポンプ

　1次歯車ポンプは補機台上部に取り付けられている。1次潤滑歯車ポンプと1次汲上歯車ポンプからなっており、主ポンプ駆動軸によって駆動される。ポンプ自体は同一のケースに収められ同一軸で駆動されているが、中央部に仕切があって油通路を異なるものとしている。

　油タンクの油量が減少しないように、1次汲上歯車ポンプは1次潤滑歯車ポンプに対して容量が大きく設定されている。

2次歯車ポンプ

出力軸によって駆動されるポンプで、回転検出装置の前端に取り付けられている。1次歯車ポンプと同様に、2次潤滑歯車ポンプと2次汲上歯車ポンプが同一ケースに収められている。汲上ポンプ側の容量が大きいのも1次歯車ポンプと同じである。

　1次歯車ポンプと大きく違う点は、出力軸は進行方向によって回転方向が変わるため、4個のボール弁を使用して、歯車ポンプがどちら向きに回転しても同一方向へ送油する構造となっている(図55)。

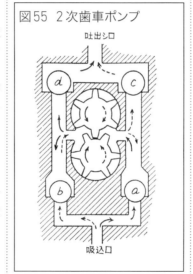

図55　2次歯車ポンプ

吐出シロ

吸込口

油流継電器・オートクリーナ

　油流継電器とオートクリーナは一体とされている(図56)。1・2次潤滑歯車ポンプから送られた変速機油は、それぞれ1次油流継電器と2次油流継電器に送られる。油流継電器は潤滑に必要な油圧があるかどうかを検知するもので、機関運転中に1次油流がない場合は機関を停止するように制御回路を構成する。2次油流継電器は油流を検知すると運転室に表示灯を点灯するだけである。

　油流継電器を出た変速機油はそれぞれに設けられた40kPaの逆止メ弁を押し開き、オートクリーナへ流入する。これは200メッシュのオートクリーン式のチリコシで、潤滑回路と制御回路で使用される変速機油を濾過している。

油冷却器

　変速機油と冷却水を熱交換するもので、変速機後部の1速コンバータの前から見て左側にある、縦型の箱状のものである。機関に使用されている油冷却器とほぼ同様な構造をしており、変速機油は2・3速切換弁から背面上部の油入口に入り、熱交換後は下部から出て、側面の配管から上部側面へ導かれ油タンクに還流する。

　冷却水回路の主ポンプにより圧送された冷却水は、変速機背面から見て右下から入り、左上へと抜けて、すぐに1速コンバータ水嚢部(すいのう)に導かれ直接冷却している。冷却水は機関前方へ導かれ、機関の油冷却器で熱交換を行った冷却水と再び合流して、機関のシリンダを冷却して放熱器へと向かう。

　なお、油冷却器は変速機に対しては垂直に取り付けられているが、変速機自体が車体に対して傾斜して搭載されているため、それぞれの空気抜きは傾斜した状態で最上部になるようにされている。

図56　オートクリーナ

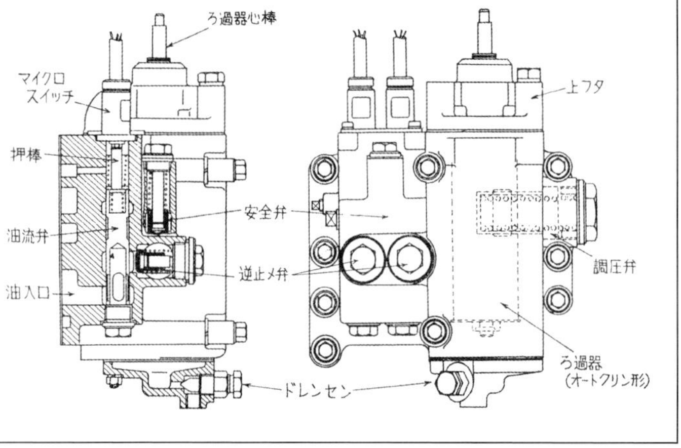

ろ過器心棒

マイクロスイッチ

押棒

油流弁

油入口

安全弁

逆止メ弁

ドレンセン

上フタ

調圧弁

ろ過器
(オートクリン形)

推進軸

機関で発生した回転力を変速機へと、変速機から各動軸に設けられた減速機へと伝達する部品である。

機関から変速機の間にある第1推進軸。変速機から1エンド側の第3軸への第2推進軸甲、変速機から2エンド側、中間軸受までの第2推進軸乙、中間軸受から第4軸減速機への第2推進軸甲'。

第3軸減速機から第2軸減速機への第3推進軸甲、第2軸減速機から第1軸減速機への第3推進軸甲'。

第4軸減速機から第5軸減速機への第3推進軸乙と合計7本の推進軸がある（図57）。

推進軸の配置と構造

推進軸中心線は、第1推進軸は車体中心線上にあるが、変速機から減速機の推進軸は、減速機の歯車位置の関係で、3-1側に170mmずれている。このズレに対処するためため変速機は車体に対して13.16度傾けて搭載されている。

第1推進軸は中間にスプライン軸、両端に十字継手があり、機関、変速機側のヨーク（接続部）はフランジ形状になっていてボルトで締結される。

第2推進軸甲と第3推進軸は長さが異なるものの構造は同様で、中央にスプライン軸があり、前後方向の動きを許容している。両端は十字継手で、減速機の固定ヨークと接続している。

第2推進軸乙

第2推進軸乙のみはほかと形状が異なる。この部分は液体変速機から2軸台車への距離が長いため2分割されており、変速機側に使用される。変速機側は十字継手になっているが、一方は十字継手ではなく、第2推進軸甲'と接続するために固定ヨークが焼バメされている。中間部分にスプライン軸はなく、前後動の許容は第2推進軸甲'で行っている。また、中間には手ブレーキ用のブレーキディスクが取り付けられており、運転室の手ブレーキハンドルを操作することで、推進軸に手ブレーキを作用させている。外部から確認できないので、手ブレーキ緊解表示器で緊締状態を確認することが重要である。

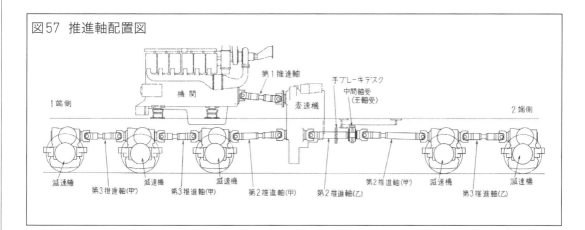

図57　推進軸配置図

1端側　機関　第1推進軸　手ブレーキデスク　中間軸受（王軸受）　2端側

減速機　第3推進軸(甲乙)　減速機　第3推進軸(甲)　減速機　第2推進軸(甲)　第2推進軸(乙)　第2推進軸(甲)　減速機　第3推進軸(乙)　減速機

減速機

変速機から推進軸を経て伝達された動力の向きを歯車によって直角方向に変え、減速して車軸へ伝達する装置が減速機である。DE10形では各動軸に5台の減速機を使用しているが、配置される位置によって、台枠が載る座などに若干の構造の違い

はあるが、主な構成は同じである（図59）。

歯車は動力の伝達方向を直角方向に変える、入力側にあるマガリバカサ歯車と、最終的に車軸に伝え、減速に用いるハスバ歯車で構成されている（図58）。このような構造で推進軸が減速機上部に配置されるため、台車に心皿を設けることができず、特殊リンク構造を採用した独特の台車が使用されている。また、マガリバ

カサ歯車が1段目に使用されていることから、推進軸の項でも述べたように、推進軸が170mm車体中心線より3-1側に寄っている。

歯車の歯数と減速比

入力軸にあるマガリバカサ小歯車の歯数は22枚、マガリバカサ大歯車の歯数は29枚で、ここで1段減速される。モジュールは11。捻れ角は小歯

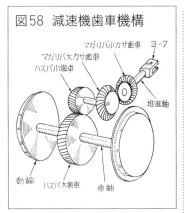

図58 減速機歯車機構

マガリバ小カサ歯車
ヨーク
マガリバ大カサ歯車
ハスバ小歯車
推進軸
動輪
ハスバ大歯車
車軸

車が30度左、大歯車が30度右となっている。材質はニッケルクロム鋼で、SNC22（現在の規格ではSNC815）の歯面に浸炭焼き入れを施している。

マガリバカサ大歯車と同軸にあるハスバ小歯車の歯数は15枚、車軸にあるハスバ大歯車の歯数は51枚となっており、モジュールは11。捻れ角は小歯車が20度右、大歯車が20度左となっている。材質はマガリバカサ歯車と同じである。

2段減速の全体減速比は4.482となっている。第2・3・4軸の減速機

の入力軸は、次の減速機に動力を伝達するため、ヨークを介して次の減速機と接続されている。

歯車の構成を変え 従来よりも小型化

DD13形、DD51形の減速機では1段目にハスバ歯車を使用し、同軸に設けたマガリバカサ歯車で第2・3軸へ伝達、第1・4軸の減速機へは第3推進軸に接続していた。このように第2段目の減速段にマガリバカサ歯車を設けると、マガリバカサ歯車の伝達トルクが大きくなり歯車を頑丈に作る必要がある。

しかし、DE10形では第1段目の歯車にマガリバカサ歯車を採用したことで、マガリバカサ歯車の伝達トルクが小さくなり、強度的に有利であることに加え、小型化にも寄与している。また、マガリバカサ歯車の歯当たりの調整が減速機単体でできることから整備性も良い。

変速機は上下のケースに分かれて、

車軸を挟み込むように組み立てられている。上箱にはマガリバカサ歯車とその軸受があり、潤滑油の油溜まりがあって、ここから各軸受などに給油している。下箱外部には潤滑油の放熱のためにフィンが設けられている。下部には排油栓があり、この近くには潤滑油中に含まれる鉄粉を吸着するための磁気栓がある。潤滑油量は上箱が2L、下箱が16Lの計18Lである。

車軸軸受は国鉄型車両では珍しい内側軸受で、減速機の軸受が機関車重量を輪軸に伝達している。

整備中のDT132A。手前が第1軸で、推進軸は外されている。台車枠の枕バネが収まる部分は、バネ横転を避けるため深いカップ状。台車枠のボルスタアンカ取付部分は互い違いになっている。手前はブレーキ梁で、ブレーキ引棒がないと車輪がむき出しになる。大宮工場　2007年5月26日　写真／髙橋政士

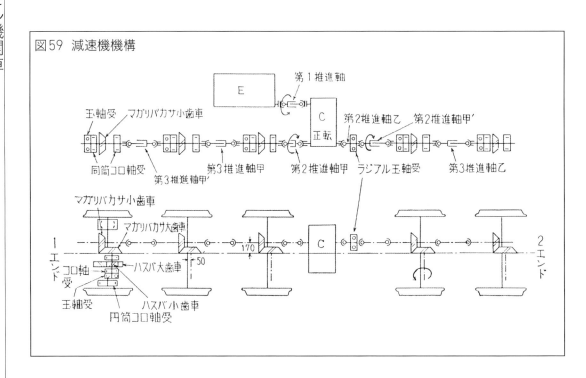

図59 減速機機構

第1推進軸
E
C 正転
第2推進軸乙　第2推進軸甲'
玉軸受　マガリバカサ小歯車
同筒コロ軸受
第3推進軸甲'
第3推進軸甲　第2推進軸甲　ラジアル玉軸受　第3推進軸乙

マガリバカサ小歯車
マガリバカサ大歯車
1 エンド
コロ軸受　ハスバ大歯車
玉軸受　ハスバ小歯車
円筒コロ軸受
170
50
C
2 エンド

国鉄 DE10形 ディーゼル機関車

③ 台車

概　要

DE10形の特徴的な構造と外観を表しているのが台車だ。3軸台車と2軸台車の組み合わせとなっており、特に3軸台車は横圧を低減するため、1軸ごとに独立したものを3軸にまとめたA・A・A方式を採用している。このような特殊な台車は、DE10系以外では試作車のDE50形を除いて使用されていない。2軸台車もDD53形で初めて採用されたもので、無心皿方式の特殊なものである。

3軸台車は1〜4号機ではDT132、量産車からはDT132Aを採用。さらにDE10形1153・1550号機、DE11形1028号機、DE15形1002号機以降では改良型のDT141を採用した。2軸台車は1〜4号機ではDT131C、量産車ではDT131Eを採用しており、2軸台車はその後の変更はない。

2軸、3軸のどちらの台車とも減速機と輪軸は同じものを採用しており、車軸軸受は減速機軸受と共用の内側コロ軸受、車輪は一体圧延車輪を採用した。

ブレーキ装置はブレーキシリンダ方式をやめ、ブレーキシュウの摩耗による調整をほとんど不要にしたゴムのブレーキダイヤフラム方式を採用している。ブレーキダイヤフラムはブレーキシリンダより大型になるものの、シリンダのように摺動パッキンなどが不要になるため、メンテナンスフリー化が図れると共に、シリンダの固渋によるブレーキ不緩解などの故障も低減できる。

3軸台車
DT132・DT132A台車

1エンド寄りの3軸台車は1〜4号機の試作車がDT132を使用し、5号機からはDT132Aを使用している。どちらも基本構造は同じだが、DT132は鋼板溶接構造であるのに対して、DT132Aは鋳鋼製である点が異なっている。垂直荷重は台車に4組ある枕バネによって、台車横梁→側梁→減速機→車軸と伝達されるが、側梁は前後に分かれており、第1・3軸減速機に計4個ずつある球面座の減速機支持ゴムを介して減速機に載る形で、第2軸の減速機には積層ゴムを使用した側梁支持ゴムを介して載っている。このような構造であるため各軸はそれぞれある程度動きを許容しており、これが「A・A・A」と称される台車の特徴的な構造である。

枕バネ

枕バネは第1軸と第3軸の減速機

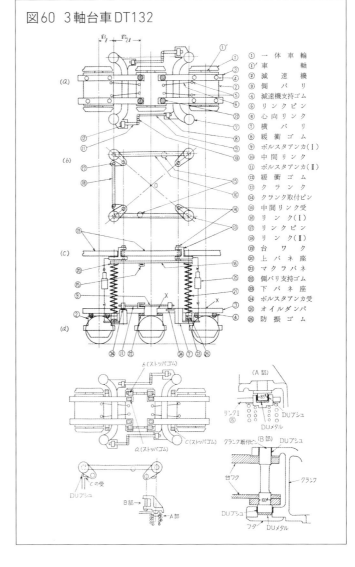

図60　3軸台車DT132

① 一体車輪
①′ 車軸
② 減速機
③ 側バリ
④ 減速機支持ゴム
⑤ リンクピン
⑥ 心向リンク
⑦ 横バリ
⑧ 緩衝ゴム
⑨ ボルスタアンカ（I）
⑩ 中間リンク
⑪ ボルスタアンカ（II）
⑫ 緩衝ゴム
⑬ クランク
⑭ クランク取付ピン
⑮ 中間リンク受
⑯ リンク（I）
⑰ リンクピン
⑱ リンク（II）
⑲ 台ワク
⑳ 上バネ座
㉑ マクラバネ
㉒ 側バリ支持ゴム
㉓ 下バネ座
㉔ ボルスタアンカ受
㉕ オイルダンパ
㉖ 防振ゴム

支持ゴムの中間点と、それぞれの側梁にある第2軸の側梁支持ゴムの中心点距離の中間ではなく、側梁支持ゴムを2、減速機支持ゴム側を1とした2：1の箇所に設けることで、3軸に加わる軸重は等しいものとなる。なお、実際にはバネ下重量のわずかな違いにより、正確に2：1の箇所にはなっていない。機関車に対して台車が左右方向に偏倚（へんい）した場合には、枕バネの復元力が作用することで台車の偏倚は収まる。

走行中の機関車が曲線に入った時に台車は回転するが、この時に復元力がないと台車蛇行動が発生する問題があり、逆に復元力が過大な場合は軌道に加わる横圧が大きくなる問題がある。この台車には4個の枕バネがあるが、枕バネの配置は独特で、それぞれの間隔がかなり広い状態になっている。台車が回転した際は枕バネの傾きが大きくなり、復元力が過大となったり、枕バネが足を上げ倒れる危険性がある。このため特殊なリンク機構を車体側に設けている。

台車枠とリンク機構

図60は台車とリンク機構、車体台枠の関係で、(a)・(d)図は台車側、(b)・(c)図は車体側に属するものを示している。ここで注目するのは(b)・(c)図⑬のクランクである。クランクは車体台枠側にクランクピンを介して取り付けられており、クランクは片持ち式でクランクピンを中心に回転できるようになっていて、その先端寄りの部分が枕バネの上座になっている。

前後のクランクは「リンク1」で連結され、1エンド寄りには「リンク2」があって左右の「リンク1」同士を連結して、4個のクランクの動きを拘束（連動）している。「リンク2」が前側にのみ設けられているのは、前後を連結した「口」型にするとリンクが

回転できなくなるためである。クランクピン回転部分には耐摩耗性に優れたDUブッシュが用いられている。

図61はそれをやや誇張して模式化したもので、水色枠は台車を1台の3軸台車とした全体の回転を示し、オレンジ色枠はリンクの動きを示している。左曲線に入り始めると台車が左回転を始め、その回転が枕バネによってクランクに伝えられ、それにつられる形でクランクも回転を始める。

このクランクの作用によって、枕バネの傾きや復元力が過大にならないように、枕バネの上座と下座の位置のズレを小さくしている。枕バネの上座と下座の位置はクランクの回転によって完全に一致せず、それぞれの枕バネの復元力が打ち消し合う位置で落ち着くことになり、台車は仮想心皿を中心に回転する。

3軸の横方向（車軸の方向）の拘束

は心向リンクによって行われる。心向リンクは図60の(a)図⑥にあるように、第2軸減速機から第1・3減速機を連結している2本のリンクで、ハの字に開く形で片側7度の取付角度を持っている。

図62は第1軸側を先頭に左曲線に入った時を示すもので、車輪踏面の勾配により、外軌側の直径が大きく、内軌側の直径が小さくなることで自己操舵性が働き、1軸目が左方向へ横動した際、心向リンクが平行の場合は1軸目が角度を持たずに平行に移動する(b)が、心向リンクが角度を持っている場合は1軸目が曲線方向へ向くように動く(d)。このようにして3軸台車の横圧を軽減している。

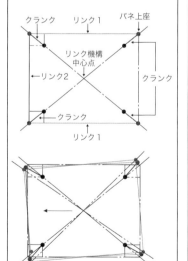

図61 DT132のリンク機構

クランク　リンク1　バネ上座
リンク機構中心点
リンク2
クランク
クランク
リンク1

上／リンク機構を上から見た概念図。黒点は位置不変の結節点、ピンク色の点は移動する結節点。
下／台車が左回転した時のクランクとリンク1・2の動き。図は台車が先行して回転し、リンクがそれに付いて行く様子を描く。

図62 心向リンク

(a)

心向リンクを平行に取り付けた場合の全体の様子

(b)
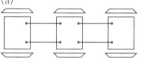

心向リンクが平行の状態から、左の第1軸が第2軸に対して左カーブへ入った状態。灰色線が元の位置。

(c)

心向リンクに7度の角度で取り付けた場合の全体の様子

(d)
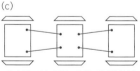

心向リンクに7度の角度で取り付けた場合、左の第1軸が第2軸に対して左カーブへ入った状態。灰色線が元の位置。平行に設置するより車輪が曲線方向に向いているのが分かる。

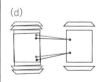

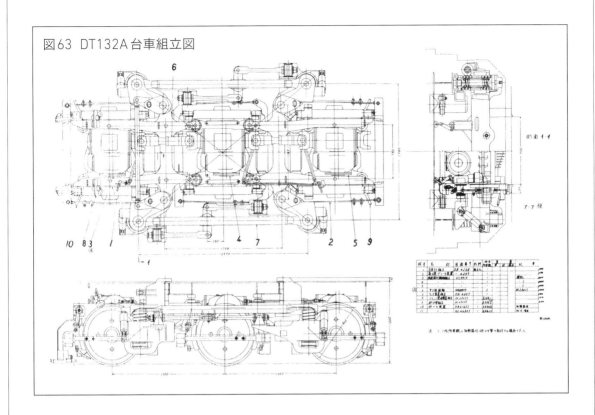

図63 DT132A台車組立図

ボルスタアンカ

台車で発生した引張力やブレーキ力の車体への伝達は、無心皿方式であることからボルスタアンカを利用している(図60)。しかし、台車枠が第1・3軸と別体となっており、心向リンクの作用によって第2軸に対して第1・3軸が角度を持って変位することから特殊な構造になっている。

前後の台車枠にボルスタアンカ受け(24)を設け、そこに緩衝ゴムを介してボルスタアンカ1・2(9 11)を取り付け、中間リンクで合成。台車の仮想心皿を決定するためのリンク1に設けられた中間リンク受け(15)を介してリンクへ伝達、リンク1からはクランクを介して車体に伝達している。ボルスタアンカはバランスを取るためにボルスタアンカ1が長く、ボルスタアンカ2が短く、左右で点対称の配置となっている。

3軸台車の特性

この3軸台車の特性は心向リンクの角度と、台車枠間の側梁支持ゴムの横方向のバネ常数によって決定される。第1・3軸が第2軸に対して左右方向に変位すると、側梁支持ゴムには横方向に捻れるような剪断力が加わる。このゴムの横方向のバネ常数が無限大の場合、3軸は横方向に動かず通常の3軸固定台車のように振る舞い、横圧が大きくなる。

逆にバネ常数が非常に小さいと3軸がバラバラに動いてしまい、台車全体が曲線で回転せず、フランジがレールに当たる角度が大きくなり具合が悪い。

また、心向リンクは取付角度が大きくなると蛇行動が発生して走行が不安定になる。逆に平行だと前述のように横圧が大きくなってしまい具合が悪く、同時に側梁支持ゴムに加わる剪断力も大きくなってしまう。以上のように、DT132台車の走行特性は、心向リンクと側梁支持ゴムの硬さによって左右され、計算によって求められた数値から設計し、横圧と蛇行動に関して、その両者が両立する範囲を確認すべく、試作車によって現車試験が実施された。

試作車の現車試験では、心向リンクを平行と7度で取り付けられるようにし、側梁支持ゴムは「軟・中・硬」の3種類を用意し、それらを組

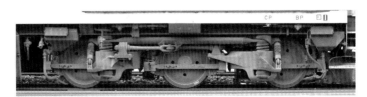

DE10形1124号機のDT132A台車。上部横方向の太い丸棒がリンク1。只見　2008年11月7日

75

み合わせて6種の条件で行われた。

　試験の結果、蛇行動は心向リンク取付角度0度の成績が良いのは予想通り。横変位に関しては心向リンク7度の方が動きやすいのは予想通りだったが、側梁支持ゴムは「硬」の方が動きやすいとの予想外の結果が出た。しかし、曲線や分岐器の通過時には「心向リンク7度、ゴム中」が最も横圧が小さく、R200の急曲線上で木マクラギとレールの締結にタイプレートを使用していない場合でも、横圧は十分許容範囲に収まっていた。

　以上を総合し、蛇行動より横圧軽減を優先することとして、「心向リンク7度、ゴム中」が採用された。

DT141台車

DT132台車のメンテナンス作業軽減のためリンク装置を改良した台車

で、本線用のDE50形用に開発された台車を、DE10形用に改良の上採用したものである。DT132では4本のクランクに車体重量がかかっており、これをやめて垂直荷重は全て枕バネを介して伝達するようにしている。台車枠と車体台枠が枕バネで直接結ばれることから、枕バネの過大な復元力の発生を防ぐため、枕バネ自体を長いものとして、防振ゴムを併用することで横剛性を低いものとしている。台車枠などはバネ座などの形状こそ違うが、第1・3軸には球面座の減速機支持ゴムを介して載り、第2軸には角形の側梁支持ゴムを介して載っている構造はほぼ同じである(図65)。

DT141の構造

　DT132台車ではクランクを含むリンク装置が台車の仮想心皿を決定し

ていたが、DT141では回転腕を利用したものとなっている。回転腕は台車中央付近にあり、車体台枠の回転腕受けに取り付けられており、左右の回転腕上部は結ビリンクによって結合されている。回転腕下部には中間リンク受けがあり、中間リンクが取り付けられていて、中間リンク両端にはボルスタアンカ1と、ボルスタアンカ2が結合されている。ボルスタアンカはそれぞれ前後の台枠と結合されている。

　図66は回転腕、結ビリンク、ボルスタアンカ、中間リンクの模式図で、台車が回転した際にはボルスタアンカ1・2→中間リンク→中間リンク受け→回転腕に回転方向が伝達される。左右の回転腕は結ビリンクによって結合されているので、これによって台車の回転中心が決定されると共に、引張力、ブレーキ力が伝達されるようになっている。また、回転腕には垂直荷

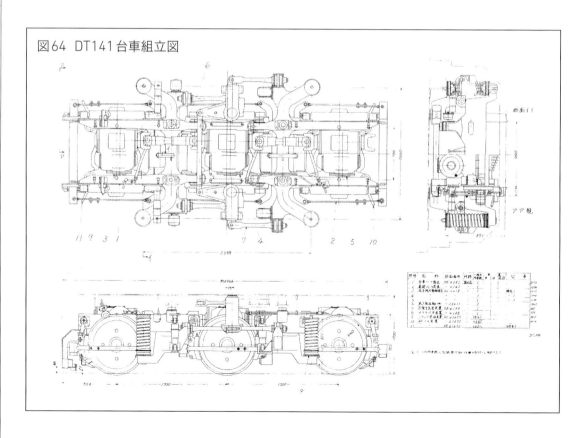

図64　DT141台車組立図

重は加わらないようにされている。

　3軸の横方向の拘束はDT132台車と同じく心向リンクを使用している。ボルスタアンカが中間リンクで結合されているのは、心向リンクの作用によって第1・3軸が角度を持って変位するのを許容するためである。これはDT132と同じだが、DT141ではボルスタアンカの長さが同じとなっている。

　上下振動の防止のためオイルダンパを使用しており、左右振動に対しては横方向に別なオイルダンパを使用し、各2本、合計4本のオイルダンパが使用されているのはDT132と同じである。

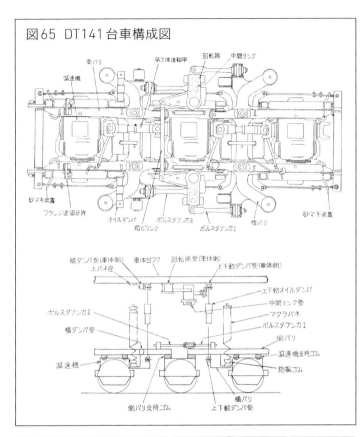

図65　DT141台車構成図

DE10形1649号機のDT141台車。郡山総合車両センター　2023年11月17日　撮影協力／JR東日本

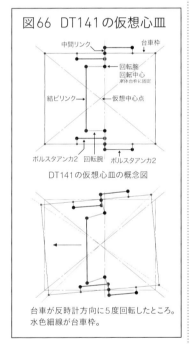

図66　DT141の仮想心皿

DT141の仮想心皿の概念図

台車が反時計方向に5度回転したところ。水色細線が台車枠。

2軸台車
DT131C・
DT131E

　2エンド寄りの2軸台車は1〜4号機の試作車がDT131Cを、5号機からはDT131Eを使用している。どちらも基本構造は同じだが、DT131Cに対してDT131Eはボルスタアンカの形状（後述）が異なっている。

　形式数字からも分かるようにDT132よりも先に設計されたもので、DD53形ディーゼル機関車用に開発されたものを、DE10形に利用するにあたって基礎ブレーキ装置を変更している。

　この台車の大きな特徴として左右の側梁が独立していて、中央部の球面継手で結合されている（図67(a)）。

これにより台車横方向のX-X軸と、台車縦方向のY-Y軸でわずかに回転を許容する構造となっており、4個の車輪の偏荷重を少なくしている。

　台車側梁は3軸台車と同じく減速機による内軸受となっているため、車輪の内側にある。

　この側梁中央部の外側に球面座とピン継手によってユレマクラが結合されており、左右のユレマクラは前後に2本あるリンクによって結合している。DT132ではこのリンク機構が車体側にあったが、DT131では台車側にある。

ボルスタアンカ

ユレマクラ外側にはボルスタアンカ乙が載せられ、ユレマクラとボルスタアンカ乙はピンで結合され、ピンを中心に回転が許容されている。このボルスタアンカ乙の上には下バネ座があり、枕バネが2列で載り車体重量を台車に伝達している。

ボルスタアンカ乙にはボルスタアンカ継手があり、上下動を許容するボルスタアンカ継手を介して、ボルスタアンカ甲が接続され、ボルスタアンカ甲は車体に固定されたボルスタアンカ受けに結合され、台車から引張力とブレーキ力を車体に伝達している。

DT131Cでは台車の回転量を制限するため、ボルスタアンカ乙の他端側にストッパゴムがあり、車体に固定されたストッパゴム受けに入り込んでいるが、DT131Eではオイルダンパ上受けに緩衝ゴムを取り付けて左右動を制限している。このため試作車で見られた車体台枠に取り付けられたストッパ受けが、量産車ではなくなっている。

なお、オイルダンパは枕バネの間に前後方向から見て上側が内側に傾斜するように取り付けてあり、上下動と左右動に対して減衰力を発生できるようにしている。このためオイルダンパは1台車で2本である。

曲線で台車が回転すると、左右のボルスタアンカ甲によって、両側の枕バネ下部の位置は固定されているが、ユレマクラと側梁は（図67(b)）のユレマクラ中心点のA・B点において回転を許容するため、台車枠の回転と共にユレマクラとリンクが平行四辺形になることで台車が仮想中心点で回転する（図68）。

ちなみにDT131AはDD20形2号機用、DT131BはDD54形1～3号機用、DT131DはDD53形2～3号機用となっており、DE10形にDT13

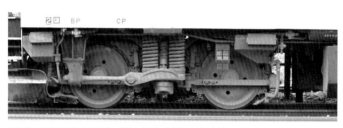

DE10形1124号機のDT131E台車。只見　2008年11月7日

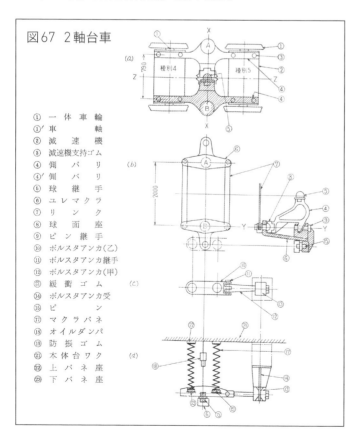

図67　2軸台車

① 一　体　車　輪
①′ 車　　　　　軸
② 減　　速　　機
③ 減速機支持ゴム
④ 側　　バ　　リ
④′ 側　　バ　　リ
⑤ 球　　継　　手
⑥ ユ　レ　マ　ク　ラ
⑦ リ　　ン　　ク
⑧ 球　　面　　座
⑨ ピ　ン　継　手
⑩ ボルスタアンカ（乙）
⑪ ボルスタアンカ継手
⑫ ボルスタアンカ（甲）
⑬ 緩　衝　ゴ　ム
⑭ ボルスタアンカ受
⑮ ピ　　　　　ン
⑰ マ　ク　ラ　バ　ネ
⑱ オ　イ　ル　ダ　ン　パ
⑲ 防　振　ゴ　ム
㉑ 本　体　台　ワ　ク
㉒ 上　バ　ネ　座
㉓ 下　バ　ネ　座

図68　DT131の仮想心皿

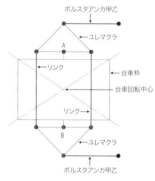

DT131の仮想心皿の概念図。ユレマクラは本来は一体ものだが、図では説明のため緑色の三角形で描いた。

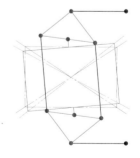

台車（水色線）が反時計回りに5度回転した様子。ボルスタアンカの位置は不変なので、リンクが平行四辺形になる。ピンク色の点はユレマクラとボルスタアンカの結節点で、台車の横移動に伴って位置が変わっている。

1Eが採用されたあと、DD54形量産車に同じDT131Eが採用されている。

基礎ブレーキ装置

各軸ごとに独立したブレーキダイヤフラムを設けた両抱き式を採用している。基礎ブレーキ装置全体は側梁の制輪子吊り受けから、制輪子吊りによってぶら下がる形で装荷されている(図69)。

ブレーキダイヤフラムはいわばゴム風船のような形状をしたもので、ブレーキシリンダのように摺動部分がないことから不緩解などの故障が少ない。DT131C、DT131Eに使用されたブレーキダイヤフラムはDT131・DT131A・DT131Bに採用されたベローズ型ではなくダイヤフラム型を採用した。これはちょうどダイヤフラム型空気バネを横向きに使用したようなもので、有効断面積を変えずに大きなストロークが取れるのが特徴だ。

これによりストロークは120mmとなって、制輪子の摩耗量が両側で合計120mmになるまでストローク調整が不要になった。ブレーキテコなどの機構がないためブレーキ倍率は1で、制輪子は乙32型

鋳鉄制輪子を使用し、非常ブレーキ時のエア圧力は610kPa(量産車では570kPa)である。

ブレーキダイヤフラムは、シリンダ内側ブレーキ梁に被さっているシリンダ外側ブレーキ梁内に内蔵されている。ブレーキダイヤフラムにエアが入ると内側、外側のシリンダブレーキ梁を押し広げる形となり、シリンダ内側ブレーキ梁は結合されたブレーキシュウを車輪に押し付け、シリンダ外側ブレーキ梁はその反力でブレーキ引棒と、車輪の反対側にある外側ブレーキ梁を引きつけブレーキシュウを車輪に押し付けている。

ブレーキシュウの摩耗については120mmの限度まで調整する必要は

図69 基礎ブレーキ装置

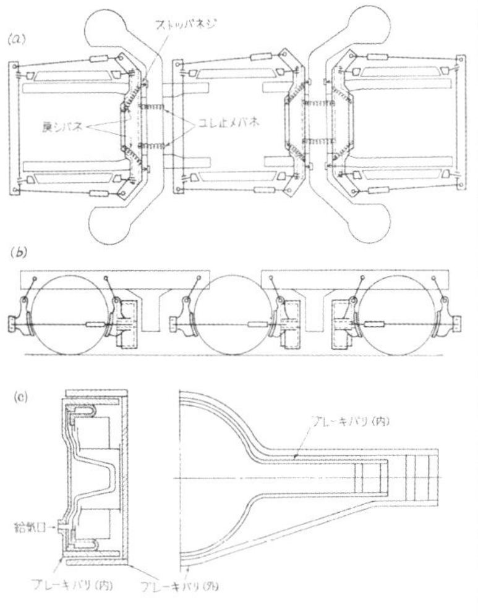

ないが、車輪転削を行って車輪直径が変化した時はブレーキ引き棒にあるセレーションで調整を行う。1〜4号機はこの部分はターンバックルとなっていたが、この点も試作車と量産車の台車で異なる点である。

なお、車輪については5軸とも推進軸で連結されているので、その直径の誤差は1mm以内とされている。

手ブレーキ装置

DE10形の手ブレーキ装置は一風変わったもので、台車や基礎ブレーキの構造によって手ブレーキのテコを連結できないため、推進軸の項で述べたように第2推進軸乙に設けられたブレーキディスクを締め付ける方法となっている。

第1運転台裏側の妻面に設けられた手ブレーキハンドルを時計方向に回すと、カサ歯車と接続されているネジ状の手ブレーキ心棒が回転する。手ブレーキ心棒には手ブレーキ心棒ナットがあり、これと一体になっているリンクを引き上げ、リンクとブレーキテコを結ぶワイヤロープを引っ張り、手ブレーキを緊縮させる。

なお、リンクには表示装置があり、緊縮すると手ブレーキハンドルのオオイ部分に「シメ」の表示が出て、手ブレーキが緊縮状態であることを知らせている。

空気ブレーキ装置

自動空気ブレーキの仕組み

DE10形の空気ブレーキ装置は、それまでのものと違う仕組みとなっている。自動空気ブレーキの仕組みが

分からないと空気ブレーキ装置の理解も進まないことから、簡単に自動空気ブレーキの解説をしよう。

自動空気ブレーキは編成全体にブレーキ管(BP)を引き通し、そこに運転台(先頭車)でブレーキ操作を司る

ブレーキ弁から所定圧力(500kPa)の圧縮空気(エア)を送っている。

各車両にはブレーキ弁からの指令によりブレーキ制御を行う制御弁があり、BPのエアは制御弁の作用によって、各車両の補助空気ダメ(AR)

に蓄えられる。BPが所定圧力まで上昇してARの圧力と平衡がとれると、制御弁内にあるBPとARの圧力差によって動作する釣合ピストンが所定の位置に落ち着き、釣合ピストンと連動する釣合度合弁によってブレーキシリンダ（BC）を排気してブレーキが緩解する。これが運転位置で「緩メ込メ位置」と呼ばれる。

この状態からブレーキ弁の操作によってBPを減圧すると、BPとARに圧力差が生じ、ARの圧力が高くなることで釣合ピストンが圧力の低いBP側へ動き、釣合度合弁の空気通路が開きARのエアがBCに流入しブレーキが作用する。これを「制動位置」と呼ぶ。

二圧式制御弁を使用している時はBPの減圧量は最大140kPaで、その時のBC圧力は360kPaで、これが全ブレーキとなる。これ以上BPを減圧してもBC圧力は上昇しない。減圧されたBPの圧力と、BCに流入し減圧したARの圧力が等しくなると、釣合度合弁は空気通路を閉塞し、そのブレーキ力を保持したままとなる。これを「重ナリ位置」と呼ぶ。

この状態からブレーキ弁の操作によってBPを増圧する。このことを「又込メ」と呼ぶ。制御弁では釣合ピストンのBP側の圧力がARより高くなり、釣合度合弁は移動してBCから排気するための空気通路を開き、ブレーキは緩解する。BP圧力が500kPaに戻り、BCの排気が終了。

同時に釣合ピストンの隙間からARにエアの供給が行われ、同圧力になった時点で釣合度合弁はBCの空気通路を完全に閉塞。このようにして最初の運転位置に戻る。

ブレーキを緩解するためにBPにエアを込める（送気する）ことを「緩メ込メ」と呼ぶため、この一言が自動空気ブレーキを難解にしている。

客車と貨車で異なる作用

自動空気ブレーキの利点は、列車分離などでBPが急減圧した際には、制御弁の作用によって直ちに非常ブレーキが作用するところで、「自動空気ブレーキ」という名称はこれに由来している。

なお、客車はA制御弁、2軸貨車などはK制御弁を使用するなど異なっているが、基本的な動作原理は同じである。しかし、制御弁内部の構造と付加空気ダメ（SR）有無により、客車では強くブレーキを作用させたあと、衝動を少なくするための「階段ユルメ」という操作ができる。

対して貨車はBPの減圧量が140kPa以下であれば追加でブレーキを作用させる「階段ブレーキ」という操作ができるが、SRがない貨車ではBPを増圧するとブレーキが全ユルメの状態になる。このあとはBPが所定圧力まで復帰するまで次のブレーキ作用ができない。

DE10形のブレーキの解説では、この部分が重要になってくる（客貨切換ツマミの項を参照）。

DL15B型空気ブレーキ

DE10形の空気ブレーキ装置はDL15B型空気ブレーキ装置を採用している。従来のDD51形などではDL14系空気ブレーキ装置を採用しているが、DL15Bではブレーキ性能の向上を図ると共に、セルフラップ式のブレーキ弁を採用することにより、ブレーキ取り扱いを容易にした。最初にDD20形1号機でDL15空気ブレーキ装置が採用され、DD21形では改良型のDL15A、DD53形1号機とDD20形2号機からさらに改良され

たDL15Bが採用されDE10形に至っている。

なお、DL15、DL14の「D」はディーゼル機関車用ということではなく、空気圧縮機の動力源がディーゼル機関であることを表していて、電動機の場合は「E」となる。このためDF50形のような電気式ディーゼル機関車は、動力源が電動機であるためEL14空気ブレーキとなる。「L」は機関車用であることを示し「Locomotive」の頭文字を取っている。

数字の「14」はKE14型ブレーキ弁と14番制御弁（片運転台付きでは6番制御弁）を使用していることを表し、「15」はSE15型ブレーキ弁を採用していることを表している。

ブレーキ弁と制御弁

DL15B型空気ブレーキ装置の大きな特徴として、ブレーキ弁をセルフラップ式に、制御弁は従来の二圧式に代えて三圧式を採用したことが挙げられる。二圧式は作用空気室（AC）とブレーキ管（BP）の圧力の平衡（客車、貨車の場合は冒頭の説明の通り）によってブレーキシリンダ（BC）圧力が決定されるが、三圧式は定圧空気室（CR）を設けて、この三者の圧力の平衡によって作用する空気ブレーキである。二圧式では常用ブレーキ時のBC圧力は限られたものとなるが、三圧式では常用ブレーキでもBC圧力を高めることが可能である。三圧式は客車ではオハ12系、貨車では10000系から採用されている。

DL15B型空気ブレーキ装置では、弁類には従来のすり合わせが必要な金属弁ではなく、保守を容易にするためゴム製のOリング、ゴム膜板、ゴム板弁を採用し、ドレン（凝結水）による固渋の恐れをなくし、保守作業も大幅に容易にしたHA制御弁が採用されている。ブレーキシリンダも台車の項で述べたように、保守に手

間の掛からないブレーキダイヤフラムを採用している。

重連運転での操作性を向上

重連運転で単独ブレーキを重連相手の被制御車に作用させる際は、DL14系では釣合引通管（EQP）を使用していたが、DL15系では制御管（CP）を使用するようになった。EQPでは制御車のBCのエアを被制御車に送って制御弁を動作させており、DL14系では単独ブレーキを作用させることは被制御車の1両にしかできなかった。対してCPはBPと同じように減圧することで被制御車の制御弁を動作させるため、CPを使うDL15系では重連する機関車すべてに単独ブレーキを作用させることが可能になった。

第1運転台から第2運転台などへの乗り換えや、重連機関車で他車の運転台に乗り換える場合は、DL14系ではブレーキ管締切コック（重連コック）を取り扱う必要があって煩雑だったが、DL15系ではブレーキ弁に設けられた「キースイッチ」を取り扱うだけで、BP締切弁と重連締切弁が空気通路を切り換えるので操作方法が大幅に簡略化され、確実な切り換えが可能になった。

SE15EAEB型ブレーキ弁
KE14型との違い

現行のDE10形に使用されているブレーキ弁は、試作車以来、後述する変遷を経たSE15EAEB型で、独特の形状をしたブレーキ弁で、セルフラップ式であることから、KE14型ブレーキ弁とは操作方法も違っている。

KE14の自動ブレーキ弁では運転中にブレーキ操作を行う際は、ブレーキ弁を「運転位置」から「常用ブレーキ位置」に移す。BP減圧量を確認し、所定のブレーキ力が得られたところで、そのブレーキ力を維持するために、ブレーキハンドルを「重ナリ位置」に移してそのまま保持する。この「重ナリ位置」はBPの減圧も増圧も行わない位置である。ブレーキを緩める際はハンドルを「運転位置」に戻すなど、ハンドル位置を交互に移動させ、その位置にハンドルを置く時間によってブレーキ力を調節する必要があり、取り扱いには習熟が必要な面もあった。

しかしSE15のセルフラップ式と

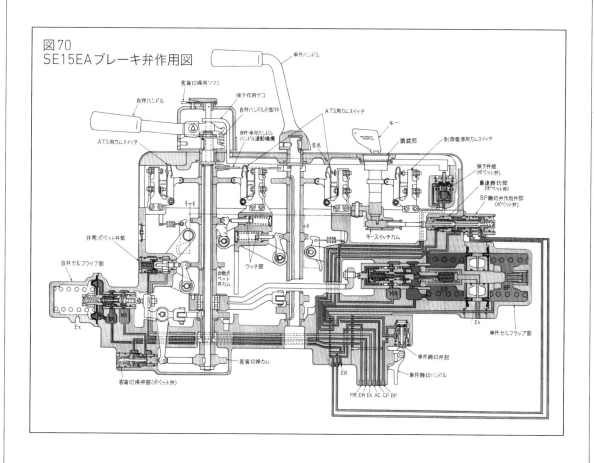

図70
SE15EAブレーキ弁作用図

は「重ナリ」をブレーキ弁自身が行うもので、「自身」という意味の「セルフ」と、「重なり」という意味を持つ「ラップ（Lap）」を合わせた造語だ。国鉄では新性能電車と呼ばれる101系直流通勤形電車からセルフラップ式のブレーキ弁が採用されており、ディーゼル機関車にも波及した形だ。電車とディーゼル機関車ではブレーキ弁の構造は異なるが、ハンドル角度に応じたブレーキ力が簡単に得られるという点では同じである。

単弁と自弁の ハンドル位置

SE15EAEB型ブレーキ弁のハンドル位置は単独ブレーキ弁（単弁）の場合、最初の「ユルメ位置」から反時計回りに「ユルメ帯」「運転帯」「ブレーキ（セルフラップ）」「全ブレーキ

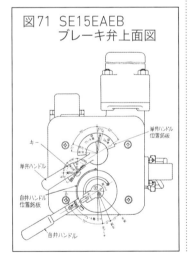

図71　SE15EAEB ブレーキ弁上面図

単弁ハンドル位置銘板
キー
単弁ハンドル
自弁ハンドル位置銘板
自弁ハンドル

位置」「固定位置」となっている（図71）。自動ブレーキ弁（自弁）は「ユルメ位置」から反時計回りに「運転位置」「ブレーキ帯（セルフラップ帯）」「全ブレーキ位置」「固定位置」「非常位置」がある。

単弁、自弁ともセルフラップ式であるため、ハンドルを「ブレーキ帯（セルフラップ帯）」に置いた時、その角度に応じたBP減圧量が決定される。ブレーキ弁内部にはエアに対する帰還（フィードバック）作用があるので、ハンドル位置により決定されたエア圧力に達すると自動的に送気を止め、逆に漏気などにより圧力低下があった場合に、自動的に再送気してその圧力を保持する機構が組み込まれている。

客貨切換ツマミ

SE15EAEB型ブレーキ弁で特徴的なものが「客貨切換ツマミ」だ。自弁ハンドル覆いの上部に設けられているもので、牽引する車両が貨車である場合、セルフラップブレーキ帯でブレーキハンドルを緩め方向に回し、わずかにBPが増圧するだけで、予期せずにブレーキの全緩解が起きる場合がある。この不都合を避けるために設けられているのが「客貨切換ツマミ」だ。

貨車牽引の場合はツマミを「全ユルメ」位置に置くことにより、自弁を「運転位置」まで戻さないと「緩め込め」ができない。客車を牽引する

る場合は「階ユルメ」位置に置く。

なお、試作車では「全ユルメ」は「貨車」と表記、「階ユルメ」は「ユルメセルフラップ」と表記されていた。

自弁には「保チ扱い」がある。「保チ」とは機関車にだけブレーキを作用させ、牽引する編成のブレーキのみを緩解させる位置で、KE14では「運転位置」と「重ナリ位置」の間にあった。SE15では自弁ハンドルを10度下に押し下げて、そのまま運転位置に移すことで「保チ扱い」を行う。手を離すとバネによってハンドルは運転位置に復帰してブレーキは緩解する。

また、KE14系ではそれぞれ独立して操作が可能だが、SE15系ブレーキ弁では単弁と自弁ハンドルがリンクで結ばれ機械的に連動するのも特徴だ。単弁をユルメ（セルフラップ）帯に移すと、自弁は機械的連動機構によりブレーキ（セルフラップ）帯に移って列車全体にはブレーキが作用する。この時に単弁を運転位置に戻すと機関車のブレーキは緩解する。

単弁がブレーキ（セルフラップ）帯にある時に自弁を運転位置に戻した場合、CPが減圧状態になっていて次にブレーキを操作した際に、予期に反して機関車にブレーキが作用しないことを防いでいる（図72）。

ブレーキ弁の変遷

試作車はSE15Dブレーキ弁を使用しており、量産車では艤装上の関

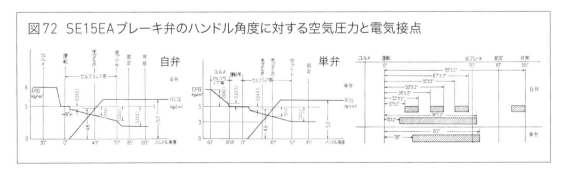

図72　SE15EAブレーキ弁のハンドル角度に対する空気圧力と電気接点

表4　キースイッチの作用

キー位置		後押補	固定	漏試験	電気切	運転
制御電源		入	切			入
ブレーキ弁ハンドル	単弁	固定		自由		
	自弁					
キー抜取		不可	可	不可		
ブレーキ管締切弁作用弁		閉			開	
重連締切弁		閉		開		

係からブレーキ弁取付座を10度傾斜させ、同時に単弁を扱った際に手が触れる可能性のあった客貨切換ツマミを背の低いものにするなど、いくつかの改良を施したSE15DAブレーキ弁に変更されている。

1969（昭和44）年度民有車のDE10形128・558号機からはEB装置が設けられたため、EB装置のリセットが行えるSE15DAEBブレーキ弁となった。これは既存の機関車にもEB装置の取り付けが行われ、順次交換されていった。

1969（昭和44）年第4次債務車のDE10形1026・1506号機、DE11形1009号機からは、列車編成時に他車からBP減圧が行われた際に、DE10形にもブレーキが作用するようにし、単弁にBC圧力300kPaの位置に手応え感を付けるなど改良が加えられた。

この改良時に、従来からブレーキ弁下部に設置されている、単弁故障時に単弁の機能を無効として、自弁だけで運転を継続するための「ツリ合イ空気ダメ締切弁」が、空気管経路の変更により「単弁締切弁」と名称が変更された。このためブレーキ弁の形式はSE15EAとなり、さらにEB装置のリセットが可能なSE15EAEBブレーキ弁となっていった。

さらに1974（昭和49）年度第1次債務車の1728号機からは、直通予備ブレーキが新設された。直通予備ブレーキとは本来備えられている空気ブレーキ装置とは無関係に、元空気ダメ（MR）のエアを直接送り込んで非常ブレーキ相当のブレーキを作用させるものだ。

直通予備ブレーキの操作は単弁を改造し、「固定位置」から反時計回り15度の位置に新たに「直通予備位置」が設けられ、赤文字で直通予備と表記されている。単弁からの指令圧力によりJ中継弁を動作させてMRのエアをBCに送り込む。

MR圧力は非常ブレーキ時のBC圧より高く、過大なブレーキ力を発生させて滑走などが起きるため、単弁とC中継弁の途中にB7圧力調整弁を設けて、DE10形では570kPa、DE11形では600kPaになるように調整されている。

キースイッチ

運転切換スイッチとも呼ばれる。DL15B型空気ブレーキ装置の項で述べたように、DE10形では重連コックなどの切り換えをキースイッチで行うようになった。手動でコックを切り換えていると失念などによってノーブレーキとなる恐れがあったが、鍵によってブレーキハンドルの鎖錠やブレーキ管締切弁の開閉、制御電源のOFF・ONなどを確実にできるようにした。キースイッチの位置と作用は表4の通り（第4章144ページにも関連記事掲載）。

ア．運転位置

この機関車のどちらか任意の運転台を使用して運転操作を行う位置。制御回路の電源がONとなり、マスコンハンドルの操作で力行操作が可能。ブレーキハンドルは単弁自弁とも自由に操作できて、ブレーキも操作通りに作用する。

イ．電気切位置

ブレーキ装置検査の際にキーを置く位置。運転位置と同じくブレーキハンドルの操作は自由で、ブレーキ作用も運転位置と同じく作用するが、制御回路電源がOFFとなっているので力行は不可能である。

ウ．漏試験位置

ブレーキ管（BP）の漏気試験を行うための位置。ブレーキハンドルは自由で、単弁による機関車単独ブレーキは作用するが、ブレーキ弁とBPは絶縁される。

エ．固定位置

機関車を留置する時、無動力回送を行う時、重連総括制御で被制御車になる時の位置。制御回路の電気接触部はOFFとなるが、制御車からの総括指令により力行は可能であるが、ブレーキ弁とBPは絶縁されている。この位置でのみキーの抜き取りが可能となっている。

機関回転中に乗務員が運転席を離れる場合は、主幹制御器を「切位置」、適度のブレーキを作用させたうえで逆転スイッチを「力行切」として、固定位置でキーを抜くことで、主幹制御器は操作を受け付けなくなる。なおこの場合、運転室側面の運転位置知らせ灯も消灯する。

オ．後補機位置

列車の最後尾で後補機などで総括制御を行わない時の位置。制御回路はONになってマスコン操作は自由だが、ブレーキハンドルは単弁自弁とも固定位置で、ブレーキ弁とBPは絶縁されており、ブレーキは先頭の機関車によるBPでの制御となる。

国鉄 DE10形 ディーゼル機関車

④運転台機器

概　要

　DE10形の運転台機器のうち、運転台まわりのスイッチ、表示灯から一部のものをピックアップして解説しよう。第4章の取材記事も合わせてご覧いただきたい。

スイッチ

本線入換切換スイッチ

　DE10系の象徴ともいえるスイッチで、液体変速機の高速段と低速段を切り換える（図74）。液体変速機

の高速軸が3,700rpmを限度として、その時点の最高速度は動輪直径が最小の780mmの時、高速段で87km/h、低速段で48km/hとなる（速度は67ページも参照）。

　DD51・53形などと重連運転する場合は、DE10形側で運転する際は低速段で運転できるが、DD51・53形側で運転を行う場合には、DE10形側が低速段になっているとコンバータの効率の点からも不利であり、かつコンバータの破損にもつながることから、DE10形で本線入換切換スイッチを入換としていても高速段に切り換えられるようになっている。試作車では「高低速段切換スイッチ」となっていた。

変速機手動切換スイッチ

　運転台の操作卓ではなく、第1運転台制御箱内に設けられており、逆転機中立鎖錠スイッチとは逆の右側に設置されているスイッチ。「自」「手」「1」「2」「3」の5つの位置があり、通常は「自」位置に置く。速度比検出装置が故障して変速機が自動で切り換わらなくなった場合は「手」位置に置き、変速機手動制御スイッチによって運転を継続する。「1」「2」「3」の位置は変速機の特定のコンバータのみで運転を行うための位置である。

変速機手動制御スイッチ

　各運転台の本線入換切換スイッチの下に設けられていて、「1」「2」「3」の3つの位置がある。速度比検出装置が故障した際に、前述の変速機手動切換スイッチを「手」位置に切り換え、ノッチと車速に合わせてスイッチを切り換えて運転を継続できる。1969（昭和44）年度民有車より、運転卓正面から高低速段切換スイッチの下へ移設した。

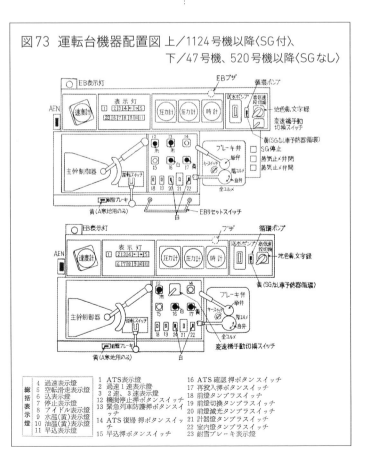

図73　運転台機器配置図　上／1124号機以降〈SG付〉
　　　　　　　　　　　　下／47号機、520号機以降〈SGなし〉

4	過速表示燈	1 ATS表示燈
5	空転滑走表示燈	2 過速1速表示燈
6	込表示燈	3 2速、3速表示燈
7	停止表示燈	12 機関停止押ボタンスイッチ
8	アイドル表示燈	13 緊急列車防護押ボタンスイッチ
9	水温灯（黄）表示燈	14 ATS復帰押ボタンスイッチ
10	油温灯（黄）表示燈	15 早込押ボタンスイッチ
11	早込表示燈	

16 ATS確認押ボタンスイッチ	
17 再投入押ボタンスイッチ	
18 前燈タンブラスイッチ	
19 前燈切換タンブラスイッチ	
20 前燈減光タンブラスイッチ	
21 計器燈タンブラスイッチ	
22 室内燈タンブラスイッチ	
23 耐雪ブレーキ表示燈	

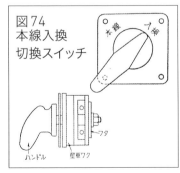

図74
本線入換
切換スイッチ

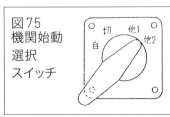

図75
機関始動
選択
スイッチ

（左縦書き）国鉄 DE10形 ディーゼル機関車

逆転機中立鎖錠スイッチ

第1運転台制御箱内で変速機手動切換スイッチとは逆の左側に設置され、「運転」と「故障」がある。重連運転などで一方の機関車の機関系や逆転機が故障した際に、健全な機関車の逆転機照査回路を利用して運転を継続する。故障した機関車のスイッチを「故障」位置に切り換える。

機関始動選択スイッチ

始動操作を行う機関を選択するスイッチ（図75）。機関始動に際しては機関の予潤滑などを行う必要があり、個々に機関始動を行うために設けられている。「自」「切」「他1」「他2」の4つの位置があり、自車の予潤滑と機関始動を行う際には「自」位置に置く。重連総括制御相手がDE10形同士やDD20形など1台機関の場合は「他1」に置く。

2台機関付きの場合は、第1機関始動の際は「他1」に、第2機関始動の場合は「他2」に置く。

機関の始動が完了した後は「切」位置に置く。

重連総括制御ができないDE11形には存在しない。

表示灯

運転台の表示灯には自車の状態を示す自車表示灯と、総括制御車の状態も示す総括表示灯がある（図73）。

過速1速・2速・3速・過速表示灯

自車表示灯のひとつ。液体変速機でコンバータに充油させるための電

DE10形1649号機の表示灯。A寒地向けなので、左下に耐雪ブレーキ表示灯がある。
撮影協力／JR東日本　写真／編集部

磁弁が動作しているかを知らせる白色表示灯。黄色の「過速」が点灯した場合は液体変速機の効率が低下していることを表し、このまま運転を継続すると変速機油が高温になるおそれがあるので、主幹制御器が低ノッチにある時は高ノッチへ、高ノッチにある時は切位置にするなど、適当な措置を講じる必要がある。

←・→表示灯

自車表示灯のひとつ。逆転機が1進か2進のどちらかに入っているかを示す表示灯。クラッチ装置の項でも述べたが、爪クラッチは構造上爪同士があたってクラッチインしない場合がある。この状態では表示灯は白色に点灯し、この時点で運転可能となる。

主幹制御器を1ノッチにして1速コンバータに充油が始まるとコンバータ2次側が回転し始め、クラッチインした時点で緑色に点灯する。

空転・滑走表示灯

総括表示灯のひとつ。運転中に空転、または滑走を検知すると中央制御箱内に設置されたブザが鳴り、運転台の空転・滑走表示灯が赤色に点灯する。空転の場合は機関士が手動で主幹制御器のノッチを下げて再粘着を促すと共に、量産車では自動的に撒砂を行う。滑走時も自動撒砂を行う。なお試作車では自動撒砂は行わず、滑走検知もない。

DE10形同士の重連運転の場合、被制御車のみに空転または滑走が発生

しても、制御車でも空転・滑走表示灯が点灯する。重連相手がDD53・20形の場合は空転すると自動的にノッチが落ち、空転が収まると元のノッチの1ノッチ下で運転を継続する。

この時、制御車のDE10形とはノッチが一致しないことがあるので、この時は空転・滑走表示灯が黄色に点灯して被制御車とノッチが不一致であることを知らせる。この状態で運転を継続しても問題はなく、主幹制御器を一旦「切」位置にすると、次からの力行は正常に動作する。

耐雪ブレーキ表示灯

寒冷地で制輪子と車輪踏面の間に雪氷が挟まり、ブレーキ機能が低下するのを防ぐため、制輪子を軽く車輪踏面に圧着させ、雪氷が入らないようにする装置である。

耐雪ブレーキスイッチをONにすると耐雪ブレーキ電磁弁が動作して、圧力調整弁で50kPaに調圧されたエアがブレーキシリンダ（BC）に送られる。50kPaはBCの戻しバネの約40kPaよりわずかに高いので、ブレーキ力を発生させずに制輪子を踏面に圧着させている。この耐雪ブレーキが動作している時に白色に点灯する。

込表示灯

総括表示灯のひとつ。ブレーキ作用後に自弁ブレーキハンドルを運転位置に置いて、ブレーキを緩解した際、ブレーキ制御装置にあるC中継弁が働き、元空気ダメ（MR）のエアをブレーキ管（BP）に送気している時に、BPへ込メを行っていることを知らせる表示灯。C中継弁に内蔵されたマイクロスイッチにより点灯する。

込表示灯が長時間点灯している時は、列車後部でブレーキ管（BP）が破損してエアが漏れていることが考え

られ、脱線している可能性もある。また、ブレーキハンドルをユルメ位置に長時間置きっぱなしにすることで、BPの込メ過ぎを警告している。

アイドル表示灯

総括表示灯のひとつで「機関空回転表示灯」とも呼ばれる。次項の水温表示灯と油温表示灯の表示のうち、水温高表示灯、油温高表示灯と連動して点灯する。詳細は次項を参照。

水温表示灯

総括表示灯のひとつ。機関冷却水温が85℃に達すると水温継電器［注意］が動作して接点を閉じ、水温注意補助継電器が動作して黄色に点灯する。同時に中央制御箱の水温注意表示灯も黄色に点灯する。

この時、主幹制御器を「切」位置にすると変速機は中立になるが、急速冷却用機関制御継電器が励磁しているので、機関は7ノッチ相当（約1,030rpm）で運転を続け、静油圧装置の油圧ポンプの回転数を上げ、送風機を高速で回転させて冷却水温を下げる。

重連では、冷却水温85℃に達していない方は通常のアイドリングになり、主幹制御器を一旦「切」位置とすれば、水温の低い機関車は再力行が可能である。この時に、事前に1位の機関前方にある散水補水コッ

クを放熱器散水位置に切り換えておけば、運転台右手の本線入換切換スイッチの横にある送水ポンプスイッチをONにすると、ラジエータ表面に散水して冷却が行われる。

機関冷却水温が95℃に達すると、水温継電器［高］の接点が開き、水温高補助継電器が消磁し、中央制御箱の水温表示灯が消灯し、水温高表示灯が赤色に点灯する。水温高を検知すると、主幹制御器のハンドル位置に関わらず、直ちに変速機は中立位置となり、機関は7ノッチ相当の運転になる。運転台の水温表示灯は黄色に点灯したままだが、アイドル表示灯が黄色に点灯する。

なお、冷却水温が85℃の場合と継電器の動作が逆なのは、より安全側に動作させるためである。

油温表示灯

総括表示灯のひとつ。変速機油温度が105℃になると油温継電器［注意］が動作して接点を閉じ、油温注意補助継電器が動作して接点を閉じて油温表示灯が黄色に点灯する。同時に中央制御箱の油温注意表示灯も黄色に点灯する。変速機油温度が105℃の時は特段の保護装置はないため、機関士は主幹制御器を切位置にして惰行運転に移る必要がある。

変速機油温度がさらに上昇して115℃になると油温継電器［高］が動作して接点を開き、油温高補助継電

器が消磁される。中央制御箱の油温注意表示灯は消灯、代わりに油温高表示灯が赤色で点灯する。この場合、主幹制御器のハンドル位置に関わらず、直ちに液体変速機は中立、機関はアイドリング運転となると同時に、アイドル表示灯が黄色に点灯する。

早込表示灯

総括表示灯のひとつ。空気圧縮機が早込メ作用を行っている時に白色に点灯する。早込メ作用とは牽引する編成のブレーキ管（BP）に大量の送気が必要で、元空気ダメ（MR）圧力が不足する場合などに行う。

運転台中央のATS確認ボタンの左にある早込メ押ボタンを押すと、圧縮機のアンローダ弁を閉じて圧縮行程を行い、同時に早込メ継電器が励磁することで、機関を7ノッチ相当の運転として空気圧縮機の回転を上げてMR圧力の上昇を図る。

主幹制御器ハンドルが「切」位置でMR圧力が870kPa以下の場合、一度早込メ押ボタンを押せばMR圧力が900kPaになるまで早込メ作用を行い、その間は早込表示灯も点灯している。MR圧力が870kPa以上の時に早込メ押ボタンを扱うと、押ボタンを押し続けている間は早込メ作用を行い続けるため、MR圧力が上昇したら押ボタンから手を離さなければならない。

幻のDE12形!?

DE10形の構想時に「仮に」という但し書きが付いたものだが、SG付きの旅客用をDE10形として70両、SGなしの入換および支線区の貨物列車牽引用をDE11形として270両、軸重14tの重入換用をDE12形として260両程度を製造する構想が考えられていた。

DML61ZB機関搭載車が最初から所定出力で製造されていたら、順番にDE13形、DE14形、DE15形となり、除雪用はDE20形、DE21形になったのかと想像してみるのも面白い。

これに加えて、後に試作だけで終わったDE50形が量産されていたら、国鉄線上のディーゼル機関車はDEファミリーで埋め尽くされていたのかもしれない。

1両のみが試作されたDE50形1号機。本線用なので、DD51形と同様に運転台は前向きで、運転室側面に乗務員室扉がある。奇跡的に解体されずに残り、現在は津山まなびの鉄道館で保存されている。写真／PIXTA

第 2 章

DE10形の増備と
仕様変更

国鉄の電気・ディーゼル機関車で最多の708両が製造され、後述する関連する重入換用のDE11形、除雪車のDE15形も含めると実に909両も製造された。約12年にわたる増備の間にはさまざまな仕様変更も行われた。第2章では、DE10・11形を中心に、製造年次ごとの改良点を列挙していく。

DE10・11形の番代区分と主な設計変更点

文 ● 高橋政士

DE10形は1966（昭和41）年に新製された試作車である1～4号機に始まり、1978（昭和53）年に製造された1765号機まで約12年にわたって製造された。DE11形2000番代は1979（昭和54）年まで、DE15形は1981（昭和56）年まで製造されているが、本項では構造の大きく異なるDE11形2000番代を除いた製作年次別の設計変更点を、主だったものについて抜粋して列挙してみよう。なお、試作車はあえて量産車と異なる点を取り上げ、DE15形は別予算で製造されたものもあるので、若干の違いがある可能性がある。

1966（昭和41）年度 本予算 試作車

DE10形 1～4号機

- 3軸台車はDT132を使用。
- 2軸台車はDT131Cを使用。
- ボンネットの放熱器カバーがない。
- SG水タンクは2エンドボンネット内のみに容量2,000Lのものを搭載。
- 燃料タンク容量は3,050L。

- 速度段切換装置の切換スイッチの名称は「高低速段切換スイッチ」で、表示も「高速」「低速」となっている。
- 第1運転台制御箱内の機器と第2運転台制御箱内の機器配置は量産車とほぼ入れ替わっている。
- 中央制御箱には機関回転計がない。
- 空転検出装置が空転を検出した際は空転表示灯が点灯しブザが鳴動するが、自動撒砂は行わない。

- SE15Dブレーキ弁を使用している。
- 客貨切換ツマミは「全ユルメ」は「貨車」、「階ユルメ」は「ユルメセルフラップ」となっている。
- キースイッチの「固定」および「後補機」位置では自弁ハンドルは非常位置に移動できる。
- 自弁ハンドルに位置表示板がない。
- 空気ブレーキ装置はC15Fを使用。
- ブレーキシリンダ最大圧力は610kPa。

DE10・11・15形の番代区分

形　式	番　代	機　関	Ｓ　Ｇ	製造数	備　考
DE10形	0番代	DML61ZA	SG付き	158両	
	500番代	DML61ZA	SGなし	74両	
	1000番代	DML61ZB	SG付き	210両	1153以降DT141
	1500番代	DML61ZB	SGなし	265両	1550以降DT141
	900番代	DML61ZA	SGなし	1両	DE11形の試作
DE11形	0番代	DML61ZA	SGなし	65両	
	1000番代	DML61ZB	SGなし	46両	1028以降DT141
	1900番代	DML61ZB	SGなし	1両	防音型試作車・DT141
	2000番代	DML61ZB	SGなし	4両	防音型量産車・DT141
DE15形	0番代	DML61ZA	SG付き	6両	
	1000番代	DML61ZB	SG付き	6両	新製・1003以降DT141
	1500番代	DML61ZB	SGなし	46両	新製・1509以降DT141
	2050番代	DML61ZB	SG付き	2両	単線型改造
	2500番代	DML61ZB	SGなし	27両	単線型新製
	2550番代	DML61ZB	SGなし	5両	単線型改造

DE10形0番代（1〜4号機）

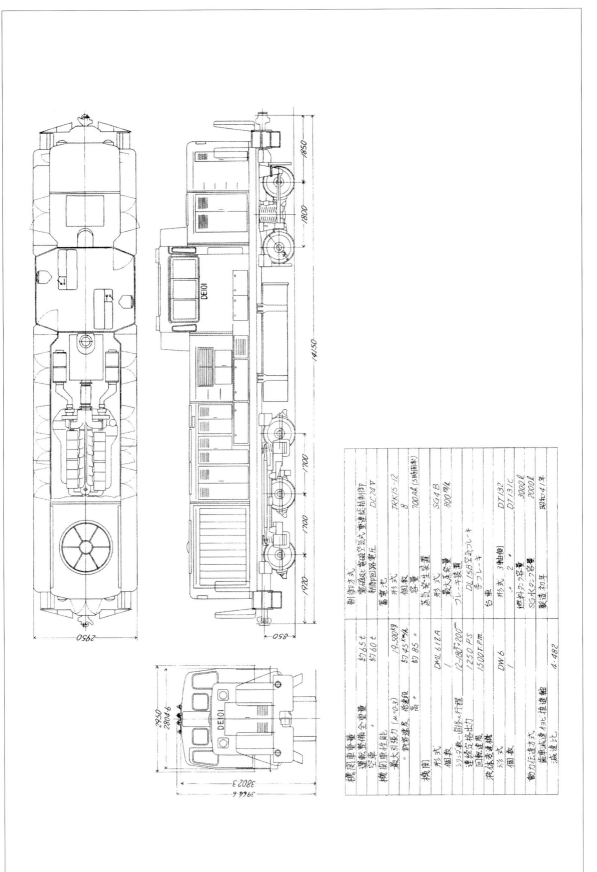

制御方式	電磁空気・電磁空気・電気重連総括制御	
制御回路電圧	DC24V	
蓄電池	形式	TRK15-12
	個数	8
	容量	700AH（5時間率）
蒸気発生装置	形式	SG4B
	最大蒸発量	800㎏/h
ブレーキ装置	DL15B空気ブレーキ	
	手ブレーキ	
台車	形式	3軸側

		DT132
		DT131C
燃料タンク容量		3000ℓ
SG水タンク容量		2000ℓ
製造初年		昭和41年

種別車重	全車重		
運転整備車重	約65t		
空車	約60t		
機関車性能			
最大引張力（μ=0.3）	19,500㎏		
普通速度（連続）	約45㎞/h		
〃 （低速段）	高 〃		
機関	形式	DML61ZA	
	個数	1	
	シリンダ数−口径×行程	12−180㎜×200㎜	
	連続定格出力	1250PS	
	回転速度	1500r.p.m	
液体変速機	形式	DW6	
	個数	1	
動力伝達方式			
歯車減速比〜推進軸		4.482	
減速比		〃 〃	

89

1967(昭和42)年度 本予算 第1次量産車

DE10形 5〜26号機

- 3軸台車はDT132Aに変更。
- 2軸台車はDT131Eに変更。
- ブレーキ引き棒をターンバックル式から、ブレーキシュウ交換と調整をしやすいようにセレーション式に変更。
- 中央制御箱に機関回転計を新設。
- 潤滑油コシ器に目詰まり検出器を新設。

- 機関潤滑油ポンプの容量を増大し、油圧を最大600kPaから800kPaに変更。
- DW6液体変速機の速度段クラッチの形状を変更し、本体全長を128mm短縮。
- 速度段切換装置のスイッチの名称が「本線入換切換スイッチ」に、スイッチの表示も「本線」「入換」の表示に変更。
- 共通機器を除くネジの規格が新JIS(ISO)に変更。
- 空転検出のほか滑走検出も行い、検出の際には自動撒砂を行うように変更。

- ボンネット内のSG室、SG水タンク水面計、液体変速機左右に点検灯を新設。
- SG非搭載車(12〜19号機)には、SGの代わりにWH180-1-1機関予熱器を設置。
- SG非搭載に伴って不要となる機器は非搭載。
- SGの代わりに死重を搭載。
- 冷却水回路にSG水タンクからの補水回路を新設。
- SG水タンクを運転室下にも増設。全容量は2,500Lとする。
- 主冷却水タンクを580Lに増大。
- 放熱器素保護のため表面に金網の放熱器カバーを新設。
- 燃料タンクは軽量化のため2,500Lに変更。
- 空気清浄器の前にビニロック製の前コシ器を新設。
- 空気清浄器に目詰まり検出器を新設。
- ブレーキ弁をSE15DからSE15DAに変更。
- ブレーキ弁に傾斜を付けた。
- 客貨切換ツマミを「貨車」は「全ユルメ」、「ユルメセルフラップ」は「階ユルメ」に変更。
- 単弁、自弁ハンドルを「固定」「後補機」位置にしてキースイッチを抜いた場合、単弁と同じく自弁ハンドルも動かないように変更。
- 実際に牽引する車両のブレーキ性能に合わせ、自弁ハンドルは18度まではブレーキ管の減圧を行わず、18度を超えた時点で50kPaの減圧を行うように変更。
- 空気ブレーキ装置をC15Jに変更。
- 無動力回送時に過速検知装置が働いた際には非常ブレーキが作用するように変更。
- 滑走防止のためブレーキシリンダ最大圧力を570kPaに変更。
- 蒸気発生装置の蒸発量を最大800kg/hから900kg/hに増大。

DE10形6号機

5号機以降の量産車では、3軸台車がDT132Aに、2軸台車がDT131Eに変更された。
宝積寺 1984年8月14日 写真／高橋政士

DE10形18号機

12〜19号機は0番代だがSG非搭載となる。2エンド側のボンネットにはSGの代わりに死重が搭載された。沼津 1981年7月5日 写真／大那庸之助

国鉄 DE10形 ディーゼル機関車

DE10形0番代（量産車）

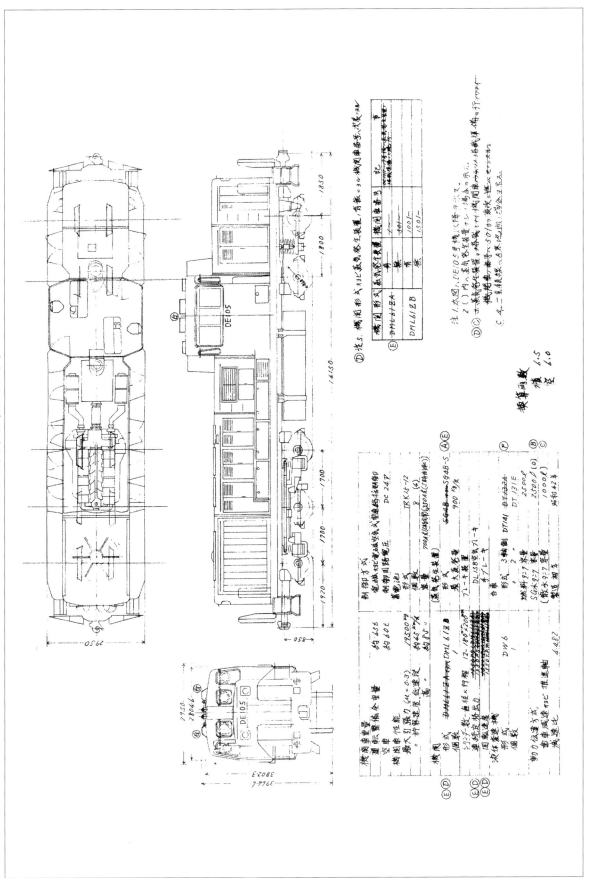

1967（昭和42）年度 本債務

DE15形 **1**号機

1967（昭和42）年度 第2次債務車

DE10形 **27〜38**号機
DE10形 **501〜508**号機
DE11形 **1〜7**号機

- 火災防止のため機関油受にヒサシを新設。
- SGを取り付けない機関車の充電発電機は2.5kVA1台が基本だが、北海道向けのものに関しては2.5kVAを2台とした。
- SGなしのものにはSG本体の代わりに死重としてコンクリートブロックを積載。
- 逆転時の充油ノッチ選択端子板を撤去し3ノッチ固定に変更。
- 圧縮機早込メ動作は機関始動後でのみ有効に変更。
- A寒地向けに砂撒き管ヒータ（第1・5軸）と、旋回窓を装備。
- 機関予熱器を水ポンプの運転と燃焼運転が別に行えるWH180-1-2に変更。
- 運転室の暖房を強化。
- 機関室および冷却室から線路に油が落ちないように油受を新設。
- 静油圧装置に冷却管を新設。
- 気笛の位置を変更。
- A寒地向けに制輪子抑圧装置（耐雪ブレーキ）を新設。
- ブレーキ管締切弁の蓋を改造し、自動ドレン弁を新設。
- ブレーキにユルメ促進弁を新設。
- 空気ホースの種類を統一。
- 元空気ダメ管のドレン溜に覆いを取り付け。

DE10形501号機

本増備から、SG非搭載車は500番代と分類された。写真のDE10形501号機はA寒地仕様で、耐雪ブレーキが装備された。放熱器散水機能がないため、放熱器カバーに点検穴がない。函館 1986年8月25日 写真／吉田雅彦

DE11形8号機

DE11形としては2回目の増備となる8〜11号機。東京市場 1986年8月27日 写真／児島眞雄

1967（昭和42）年度 3次債務車

DE10形 **39〜46**号機
DE10形 **509〜519**号機
DE11形 **8〜11**号機

- 水ポンプ羽根先端を肉厚にして強化した。
- 燃料ポンプのA列側戻し管をB列側と合流させた。
- 制御空気ダメを廃止し、制御空気圧を900kPaに変更。同時に電磁弁も変更。
- 十字継手軸受を変更。
- ブレーキ梁を変更。
- 暖房回路を変更し、車内放熱器の容量を増して運転室暖房を強化。
- SGはSB4B→SG4B-Sに変更し、運転開始時と停止時の監視が必要なくなった。これにより運転停止用の押ボタンを運転台横に追加。
- 暖房強化に伴って機関予熱器をWH252-1に変更。
- 手ブレーキ表示機構を改良。
- 制御空気ダメの廃止に伴って、運

DE10形536号機　SGを搭載しない500番代では、520号機から放熱器の外側上部に散水装置が取り付けられ、放熱器カバーには散水ノズルの外部点検を行うための穴が設けられた。大宮機関区　1977年頃　写真／松本正司

転室中央制御箱の元空気ダメ圧力計を単針のものに変更し、網棚下部に移設。

■ユルメ弁引き紐をワイヤロープに変更した。

1968（昭和43）年度 本予算

DE10形 520〜526号機

1968（昭和43）年度 民有車

DE10形　47〜81号機
DE10形　527〜550号機
DE11形　12〜32号機
DE15形　2号機

■燃料高圧管の振れ止めを強化。
■潤滑油目詰まり検出器のベロフラム破損防止のため注意銘板を取り付け。

■給気冷却器冷却水入口に点検プラグを新設。
■クランク室息抜き管内部に、油切りをよくするために傘を新設。
■シリンダヘッド蓋飛散防止のため押え板を新設。
■回転検出装置油コシ器を円盤形から筒形に変更。
■ブレーキ梁行程表を見やすい位置に変更。
■ATS電源未投入防止回路を新設。
■ATS警報持続装置を新設。
■耐雪ブレーキをコックの切り換えから電気式に変更し、それに伴って制御回路に制輪子圧着回路を新設。
■スイッチ類を色分けし取り扱いを便利にした。
■静油圧ポンプ、静油圧モータをトーマフレックス型に変更。
■第2推進軸に保護枠を取り付け。
■SGなし機関車に散水タンクを新設（501〜519号機は放熱器散水機能がない）。
■ブレーキハンドルに握りを追加。

1968（昭和43）年度 第4次債務車

DE10形　82〜126号機
DE11形　33〜38号機

■クランク軸油穴を追加
■シリンダヘッドにバルブシートインサートリングを入れ、ステライト板を正式採用した。
■変速機手動切換スイッチを2速にセットした時の安定性を向上。
■ブレーキ制御装置のC中継弁マイクロスイッチの安定性を向上。
■従来はATS電源未投入時の警報条件では、高速段2速以上、低速段3速以上になると警報を出していたが、これに加えて11ノッチ以上にした時にも警報が出るように変更した。
■ATS電源未投入時は警報ベルのみ鳴動するように、ベル回路と表示灯回路を変更した。
■佐倉機関区に配置されるDE10形

93

- 90〜104・124〜126号機は、上野〜尾久間の推進運転に備えてATS切換操作は逆転機と連動させず、ATS切換スイッチで車上子の切り換えができるように変更した。また、運転台に「ATS切換」と明示した表示灯を設けた。
- DE10形90〜104・124〜126号機は、常磐線で使用される列車無線回路の準備工事が施工されている。
- 給気冷却水回路の逆止メ弁を撤去し、給水締切コック側穴付きに変更。
- 町野式ホース連結器の径違いが4個あったものを2個に変更。
- 燃料供給管のゴムホースのつなぎ位置、および台枠貫通部を変更。
- M圧力調整弁をB7圧力調整弁に変更。
- 運転台の懐中時計箱を斜めに向けて見やすくすると共に、時計照明灯を直視しないように形状を変更。

1968（昭和43）年度 第5次債務車

DE10形　127号機
DE10形　551〜557号機
DE10形　1001・1002号機
DE11形　39〜50号機

- 1000番代にはDML61ZB機関を搭載。
- 油冷却器の能力を向上（DML61ZB機関）。
- 油受の油ザシを長くしてアイドリング運転時の油面を確認できるようにした。
- ピストンの上死点と下死点における給油を良好にし、冷却効果を向上させるためにクランク軸油穴を変更。
- DML61ZA機関の燃料噴射ポンプにDML61Z用と区別するためにラックリミットを明記し、識別用

に黄色のテープを貼り付けた。DML61Z用は緑色。
- 日立製1速コンバータの水嚢形状を変更し、冷却水、変速機油の流量を増大。
- 5℃水温継電器の外部コンセントを廃止。
- 1・4位のジャンパ連結器連動スイッチを防水型に変更。
- 運転位置表示灯の箱を分割式にして、電球交換を容易化。
- 運転室側窓への雨垂れを防ぐため、側窓上部雨ドイの中央部を山形に変更。
- 散水締切コックの位置を変更。
- SG水タンクと送水ポンプの間の締切コックを側穴付きに変更し、コックを閉めた際に内部に水が残らないようにした。
- 冷却水タンク前面にも水面計を設置。
- ブレーキユルメ弁に6mmの絞りを設け、急激な圧力変化による膜板案内板の折損防止を図った。

DE10形91号機

常磐無線アンテナを装着したDE10形91号機。4位のキャブ妻面に取付台を設け受信用アンテナを搭載。送信用は3位の手スリ部分にロッド式のものを装着する。大宮機関区1977年頃　写真／松本正司

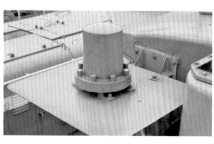

1969（昭和44）年度 民有車

DE10形　128〜158号機
DE10形　558〜574号機
DE10形　1003〜1005号機
DE11形　51〜65号機
DE15形　3〜6号機

- 過給器潤滑油注油管に特殊ボルトを使用（DML61ZA機関）。
- 潤滑油コシ器のコシ体と取付ボルト頭部座面にOリングを追加（DML61ZA機関）。
- クランク軸を一体型に変更（DML61ZB機関）。
- ピストンの給油方法が変更になった影響で機関潤滑油の消費量が多いため、第3圧縮リングの形状を変更し油上がりの防止を図った（DM

L61ZB機関)。

- 油圧タペット用戻しバネ折損防止のため、密着時の余裕を8mm→9mmに変更(DML61ZB機関)。
- 燃料噴射ノズルはZA併用ノズルとした(DML61ZB機関)。
- 摩耗防止のため噴射ポンプリンク装置の材質を変更(DML61ZB機関)。
- タペット案内の段摩耗を減少させるため、タペット案内の長さを変えて面圧を下げた(DML61ZB機関)。
- 弁押金具嵌入深さを6mm→5.5mmに変更。全長を108.5mm→108mmに変更し、突出量を増大させ研磨代に余裕を持たせた(DML61ZB機関)。
- 7kVA充電発電機への潤滑油量を増量(DML61ZB機関)。
- 油冷却器の亀裂防止のため取付脚を補強。
- 取り扱いを容易にするため、油受ドレン弁の取付方法を変更し、吐出管出口を下に向けた。
- 液体変速機シフタコマ、リンク機構の摩耗によりクラッチが抜け出すことがあったので、速段シリンダに加わるエア圧力が低くなるように改良。
- シフタコマ、シフタコマピンの径を大きくして面圧を下げた(液体変速機番号　日立No.1140～、川重No.2123～)。
- クラッチに逆トルクが加わった際の爪の掛かり代を3mm→6mmに変更し、シフタコマが大きくなったので、クラッチの溝や深さも大きくなった。
- 液体変速機のケース偏心を防止するため、前カバー、速段ケース、速段ケースクラッチ間のノックピンをφ20の各5本使用とした(同日立No.1156～、川重No.2136～)。
- 回転検出装置油コシ器の取付方を変更し、油管折損防止を図った(同

日立No.1180～、川重No.2136～)。
- 2次速度比検出装置の強度を増した(同　日立No.1102～、川重No.2112～)。
- EB(緊急列車停止)装置を新設。運転台にEBリセットスイッチを新設。
- EB装置新設に伴い、EB装置のリセットが可能なように、自動ブレーキ弁カム部に電気接点を設けたSE15DAEBブレーキ弁を使用。このブレーキ弁はEB装置のない機関車には使用できない。逆にEB装置付きの機関車に従来のSE15

DAブレーキ弁を使用してはならない。
- TE(緊急列車防護)装置を新設。運転卓正面に「緊急」表示のある赤色の押ボタンを新設。
- WD(乗務員用無線電話)装置を新設。
- TE装置押ボタン設置に伴い、変速機手動切換スイッチを運転卓正面から、右手の高低速段切換スイッチ下に移設した。
- 記録式速度計を新設。
- 補助燃料タンク周りの配管を変更。

DE10形554号機
この増備から運転室側窓上部の雨ドイが、中央部が山形の形状に変更された。八王子　1986年6月　写真／名取信一

DE10形1004号機
外観の変更は少ないが、機関や走り装置などの変更が加えられた。掛川　1990年4月
写真／長谷川智紀

■補助燃料タンクと過給器の間に仕切り板を設けて火災防止を図った。
■元空気ダメ室ルーバフサギ板を廃止。

1969（昭和44）年度
第3次債務車

DE10形 **1006～1025**号機
DE10形 **1501～1505**号機
DE11形 **1001～1008**号機

■DML61ZB機関シリンダライナの0型ゴムガスケットはDML61ZA機関のものと直径が異なるので、3φの緑色●印を付けて区別。DML61ZA機関用は白色。
■JISの変更により燃料・潤滑油圧力配管の材質をSTPAからSTPGに変更したため、管ササエなど配管に関係する箇所を変更。
■潤滑油コシ器目詰まり検出器の動作圧力を変更。改造型は検出棒の頭部を黄色に塗装。
■機関出力が1250PSとなっているものは、銘板外周に5mm幅の黄色帯を入れた（DML61ZB機関）。
■充油ノッチを3ノッチから1ノッチ

に変更（DML61ZB機関）。
■液体変速機制御油圧力計にコックを取り付け、圧力確認時以外は締め切って指針の折損防止を図った。
■手ブレーキディスクは鋳鉄製の厚さ80mmのものから、鋼板製の6mmのものに変更し軽量化。
■第2推進軸保護脇を車上子吊り上部に設置。
■放熱器素の放熱ヒレ部分を102mm→103mmとして、冷却能力向上を図ったEX7Bに変更。
■空気清浄器からタワミ風道までの吸気管形状を変更。
■連結作業を考慮して端梁の手スリ形状を変更。
■SGなしの機関車の運転室下の死重は鋼板からコンクリートに変更。
■機関重量が増したため、DE11形枕梁下の調整用死重を取り外した。
■蒸気発生装置をSG4B-Sに変更。
■砂箱容量を各10L増大し40Lにした。
■静油圧装置の油圧ポンプ・モータのオイルシールを、簡単に交換できるように変更し、PM7A、PM8Aとした。
■運転台腰掛を回転した時、背当て

がEBリセットスイッチに当たり破損することがあるので、約190度の回転ストッパを設置。（DE10形1022・1501号機、DE11形1006号機以降）

1969（昭和44）年度
第4次債務車

DE10形 **1026～1055**号機
DE10形 **1506～1508**号機
DE11形 **1009～1018**号機

■シリンダヘッド飛散防止を取り付け。
■7kVA充電発電機潤滑油戻り管の位置を変更。
■単独ブレーキ弁セルフラップ部にブレーキ管圧力を導入し、編成他車でブレーキ管の急減圧が発生した場合、機関車でも非常ブレーキが作用するように変更。従来は運転台で急減圧を確認した場合に、機関士が非常ブレーキを扱っていた。これによりブレーキ弁はSE15EAEBとなった。
■滞泊時に単弁ハンドルを固定位置にして機関車を離れる際、ブレーキ管の減圧が不十分である時に制御弁がユルメ作用を行う場合がある。このため作用管（AC）調時空気ダメ（1L）を設けてブレーキシリンダ圧力を確保するように変更。
■単独ブレーキ弁のラッチカムを変更し、ブレーキシリンダ圧力が300kPaの位置に手応え感を設けた。
■台車でDUブシュが使用されている箇所のピンに、硬質クロームメッキを施した。
■自動連結器最大首振り時に、ブレーキ管アングルコックと接触する可能性があるため、アングルコックを外側に20mmずらし、元空気ダメ引通管、制御管の位置もそれに合わせて変更。

DE10形1023号機

この増備からDE10形、DE11形ともにDML61ZB機関搭載車に完全に移行した。台車を見ると砂箱の容量が増大したのが分かる。前面のナンバープレート部分は朱色。1986年3月27日
写真／新井 泰

1970（昭和45）年度 民有車

DE10形 1056〜1082号機
DE10形 1509〜1527号機
DE15形 1501〜1504号機

1970（昭和45）年度第1次債務車

DE10形 1083〜1092号機
DE10形 1528〜1532号機
DE11形 1019号機

- 第1燃料油コシ器を改良型に変更。取付台形状が変わったので互換性がない。
- 耐摩耗性向上のため第1圧縮リング全面に硬質クロームメッキを施した。
- 油受油ザシを変更して、ZA機関とZB機関で共通のものとした。
- ATS電源未投入防止回路の警報条件を一部変更。低速段5ノッチ以上で過速となった場合と、11ノッチで3速になった場合。高速段5ノッチ以上で3速になった場合と、11ノッチ以上で2速になった場合に変更。

- 台車ブレーキ梁を鋼板溶接構造から鋳鋼製に変更し疲労強度を増大。
- ブレーキ引き棒の曲がり防止のため板厚を16mm→19mmに、幅を65mm→75mmに変更。セレーションの山と谷の間隔と拡げ、先端の丸みを大きくして強度増大を図った。
- 台車の左右動回転防止用ストッパの取付変更。
- SE15EAEBブレーキ弁のブレーキ締切弁作用弁の取付部を確実にするため改良。これによるブレーキ弁形式の変更はない。
- DE11形で車体全体を吊り上げる時、正規の位置以外で車体を吊ると台枠が曲がる場合があるので補強を設けた。

1970（昭和45）年度 第2次債務車

DE10形 1093〜1123号機
DE10形 1533〜1540号機

- 機関前端の補機駆動軸からの油漏れ防止のため、ラビリンスを廃止してオイルシールを設置。
- キャビテーション防止のため、水

ポンプ羽根車の外径を240mm→235mmに変更（従来のものにも応用可能）。
- カム軸の軸受部を45φ→48φと太くし、軸受部との接続部分のRを4mm→6mmと大きくし、折損に対する安全率を向上。
- 液体変速機シフタの強度を増強。
- 強度アップのため1・2次歯車ポンプ駆動用継手の材質変更。
- 液体変速機出力軸の油漏れ防止のため、ラビリンスを変更。
- EB装置は走行中のみに動作するようにしていたが、入換作業時のリセット扱いが不便なため速度検出装置を新たに設け、15km/h以下ではEB装置が動作しないようにEB回路を変更。
- EB装置の警報ブザの周波数を155Hz→440Hzに変更。
- ブザと並列に黄色の警告灯が点灯するように追加。警告灯は時刻表差しの左側に設置。
- 運転室側窓雨ドイを前後に延長。
- 2軸台車ユレマクラを補強。
- IC水タンク水面計に覆いを設け、充電発電機ベルト切断時に水面計が破損しないようにした。
- 時刻表差し照明灯裏面にトグルス

DE10形1098号機
昭和45年度第2次債務車では、30両もの1000番代が増備された。運転室側窓上部の雨ドイは、ほぼ側面いっぱいにまで拡大された。
品川　1986年11月8日　写真／名取信一

イッチを設け、入換作業時に消灯が可能なように変更。

1971(昭和46)年度 本予算

DE10形 1124〜1130・1153〜1154号機

DE10形 1541〜1551号機

DE11形 1020〜1027号機

1971(昭和46)年度 民有車

DE10形 1131〜1152・1155〜1171号機

DE10形 1552〜1558号機

DE15形 1001号機

DE15形 1505〜1508号機

■ DML61ZB機関のシリンダヘッド材質をFC25から特殊鋳鋼に変更し亀裂防止を図った。

■ 破損防止のため、機関、液体変速機の油圧計を車体側へ移設。

■ 新JISネジを全面採用。DE10形5号機、DE11形1号機以降の使用ネジは新JISネジを採用していたが、旧JISネジを使用していた一部の共通機器についても新JISネジを採用。製造銘板に「M」を刻印し識別。

■ 3軸台車クランク取付ピン、中間リンクピン、2軸台車のユレマクラピンをメッキ仕上げからステンレス製に変更。DE10形1124〜1152、1541〜1549号機に実施。DE11形1020〜1027号機はクランク取り付けピンのみステンレス化。

■ DE10形1153・1550号機、DE11形1028号機、DE15形1002号機以降では、3軸台車をDT141に変更し、1エンド端梁の厚さを75mmとした。

■ これに伴い、1エンド台車まわりの車体台枠を大幅に変更。

■ 台車と車体の結合方法が大きく変わったことから、横梁の構成も変わる。

■ DT141用の枕バネ上座を車体台枠に設置。

■ DT141はDT132Aより軽量なため、1端寄り端梁を50mm→75mmとして軸重を調整。

■ 3軸台車の左右動ストッパを車体台枠に設置。

■ 入換作業時、ATS、EB装置の両方を開放可能なようにATS・EB元スイッチをマスコンハンドル左側に新設。従来からマスコンハンドル右側にあったATS電源スイッチは撤去(DE10形1093〜1123号機にも実施)。

■ 運転席腰掛に「労研型腰掛」を採用。

■ A寒地向け機関車に設けられている「制輪子圧着装置」は、名称が「耐雪ブレーキ」に統一され、スイッチ、表示灯とも表示名称を変更。

■ 運転室表示灯オオイの磁石の脱落防止のため取付方法を変更。

■ 運転室ブラックライトの取付方法を変更。

■ ボンネット昇降階段に架線注意標識を新規で取付。

■ SG室左側面の点検扉の分割位置を変更し、SG、または機関予熱器点検中でも運転室への出入りが可能なように変更。

■ SG水タンク水面計は見やすいように外側に目盛りを焼き付けたものに変更。

1971(昭和46)年度 第2次債務車

DE10形 1172〜1175号機

DE10形 1559〜1564号機

■ 燃料補助タンクが異常高圧にならないように調圧弁を改良。

■ 燃料補助タンクに遮蔽板を追加。

■ シリンダヘッド水通路にカニゼンメッキを施したブッシュを挿入し、キャビテーション防止を図った。

■ TB19型過給器にミスト抜きを設置。

■ 時刻表差し照明灯を蛍光灯に変更。

■ 手ブレーキ箱側面に点検蓋を新設。

DE10形1554号機

DE10形の1000番代では1153号機以降、1500番代では1550号機以降は3軸台車がDT141に変更された。写真の1554号機は近年の姿で、タブレットキャッチャーが撤去されている。安善 2009年3月26日　写真／髙橋政士

1971（昭和46）年度
第3次債務車

DE10形　1176〜1187号機
DE10形　1565〜1568号機

■ 燃料噴射ポンプ取付台の形状を変更し亀裂防止を図った。
■ 充電発電機取付台の形状を変更し亀裂防止を図った。

■ 液体変速機に機器管理番号の銘板を新たに取り付けた。
■ 逆転スイッチをカム接触器方式に変更。
■ EB装置の表示札をATS表示札の隣に追加。
■ ブレーキ梁戻しバネの強度を増大。
■ 空気圧縮機運転中に元空気ダメ圧力計の指針がブレるため、圧力計管に0.5Lの空気ダメを新設して防ぐ。
■ 機関士席前面窓の窓拭き器腕の長さを長くし、拭き面積を拡大。雨天時の視界を広げた。
■ 構内無線電話のスピーカ座の形状変更を行い、スタンドマイク座の取付準備工事を行った。
■ 燃料タンク給油口位置を変更して、歩み板部分から雨水が滲入しないようにした。
■ 主要部品に機器管理番号銘板座を設けた。
■ SGの水管温度の設定を500℃→400℃に変更。

DE10形1179号機
従来の車両と比べ、給油口の位置が変更された。写真はJR貨物更新車で、塗色がJR貨物更新色に変更され、タブレットキャッチャーがあった部分にJRFマークが入る。仙台貨物ターミナル駅
2015年11月12日　写真／髙橋政士

DE15形1003号機
DML61ZB機関を搭載した除雪用のDE15形。ラッセルヘッドを他車へ譲り、自身のラッセルヘッド用連結器は撤去されているが、ナンバープレートの位置はそのままで、DE15と1003の間が開いている。堺田　写真／植村直人

1972（昭和47）年度
民有車

DE10形　1188〜1205号機
DE10形　1569〜1578号機
DE15形　1002〜1003号機
DE15形　1509号機

■ 潤滑油コシ器下部からの油漏れを防ぐため、第1潤滑油コシ器を3個一体型と、外観が変化した。
■ クランク室の内圧を下げるため、クランク室息抜き管の容量を増大。
■ 油圧継電器の圧力セット値を機関保護の観点から、ONを80kPa→150kPa、OFFを45kPa→100kPaに高めた。
■ 元空気ダメ安全弁をE1L型に変更し、吐き出し容量の増大と調整の容易化を図った。
■ 各運転台天井部分に凹みを設け、斜め上方に扇風機を設置（その部分の屋上に出っ張りがある）。
■ 充電発電機の性能向上により蓄電池箱内部の暖房管を撤去し、腐食防止を図った。
■ 手歯止めをくさび形とし、それに伴い手歯止め受けの形状を変更した。

1972（昭和47）年度
第2次債務車

DE10形 1206～1209号機
DE10形 1579～1609号機
DE11形 1028～1031号機

- 燃料高圧管をスリーブ圧入式に変更し、管押さえ方法を変更。
- 油冷却器入口管のフランジ形状を変更し、油漏れ防止を図った。
- シリンダライナのキャビテーションを防ぐため、クロームメッキの範囲をOリング溝下側まで広げた。
- 運転席腰掛の布団詰め物をフォームラバとして乗り心地改善を図った。
- 車端階段（ステップ）の最下段外枠

にも滑り止めを追加。
- DE11形 1030・1031号機に武蔵野操車場用無線操縦装置（SLC）を装備。

1972（昭和47）年度
第3次債務車

DE10形 1210号機
DE11形 1032～1035号機
DE15形 1004～1006号機
DE15形 1510～1512号機

- 機関油受亀裂防止のため、板厚を2.3mm→3.2mmにし、同時に溶接部分からの亀裂防止のため、溶接箇所の変更も行った。

- クランク軸前端のVベルト車周辺からの油漏れ対策として、DML61Z機関と同じく座金にOリングを追加。
- 摩耗防止のため液体変速機1次歯車ポンプ角継手の材質を変更。外径を30φ→35φに変更。内部の潤滑のために1次歯車ポンプ歯車軸に4φの穴を通した。
- シフタコマ組立時の調整を容易にするため、調整代を1mm→2.5mmとしたため、シフタコマ幅は42mm→43.5mmになった。
- 日立製液体変速機で、インナシュラウドとタービン羽根、ポンプ羽根の接触を防止するため、隙間を2mm→3mmとした。
- 機関始動時の電圧降下により、瞬間的に空転滑走検出装置が誤動作し撒砂されるのを防ぐため回路を変更。
- 従来ブレーキ制御装置に設けていた定圧空気溜圧力計を、第2運転台側壁に移設。運転室で確認可能にした。
- オイルダンパのチリヨケオオイは、従来は帆布であったが、難燃化対策のためポリクラールに変更。
- 冷却室の放熱器オオイは、放熱器素11本に対して大型の1枚だったが、検修時の利便性向上のため、放熱器素4・3・4本の割合の3分割とした。
- 運転室前面部にあった時刻表差し照明用インバータを中央制御箱裏へ移設。
- 旋回窓スイッチを中央制御箱から運転台扇風機スイッチの左側に移設。
- 滑り止めのため車端階段（ステップ）の最下段端部にもセレーションを設けた。
- 難燃化対策のためSG点検扉内側の防音材をポリウレタンフォームからガラスウールに変更。
- 同じく吸気プレフィルタの材質を

DE11形1031号機

武蔵野操車場用無線操縦装置（SLC）を装備して落成したDE11形1031号機。写真は大宮工場（現・大宮総合車両センター）の入換用の時代で、両用連結器とスピーカ（煙突の脇）を装備する。煙突上に無線アンテナが設置されたため、機関予熱器の排気管が2エンドボンネット上にあるのが特徴。大宮工場　2007年5月26日　写真／高橋政士

ビニロックから、アルミ金網に変更。
- 同じく給気タワミ風道の材質をクロロプレンから、クロルスルフォン化ポリエチレンに変更。
- DE11形の2端機器室内と枕梁内部の死重を、鉛の価格高騰により一部を約2,600kgのコンクリート製に変更。
- DE11形1035号機に武蔵野操車場用無線操縦装置（SLC）を装着。

1973（昭和48）年度
第3次民有車

DE10形 1610〜1661号機

- 組立ピストンのピストン体とピストン頭の締付トルクを変更。
- 運転室腰掛の補強の形状を変更し、傷害防止を図った。
- 難燃化対策として運転室内に使用されていた堅木を硬質塩化ビニール樹脂に変更。
- 静油圧装置の油量調整弁テコの形状を変更し、保守を容易化。
- 汚れ防止のためフランジ塗油器の塗油輪にオオイを取り付け、油の飛散防止を図った。
- 運転室計器台にあるブラックライト用計器には、トリチウムを利用した自発性夜光塗料アトムロイヒが使用されていたが、塗料の扱いに科学技術庁の許可が必要なため、許可が不要なルミノサイン2（緑色）に変更。どちらもメーカーはシンロイヒ社製。

1974（昭和49）年度
第2次民有車

DE10形 1662〜1727号機
DE11形 1036〜1046号機

- クランク軸前後端の固定部と回転部の隙間から油漏れを防ぐため、

DE11形1035号機
DE11形を中心に増備された昭和47年度第3次債務車は、走り装置を中心に変更点が多かった。写真のDE11形1035号機は、武蔵野操車場用無線操縦装置（SLC）を搭載した。ステップに黄色の警戒色があるのは武蔵野機関区のDE11形の特徴。武蔵野操車場　1983年11月　写真／高橋政士

DE10形1641号機
昭和48年度第3次民有車では、運転室内を中心に変更が加えられた。宮城野　2004年3月7日
写真／名取信一

フェルトの当たる部分に逆ネジを追加。
- 冷却水ポンプ羽根車のキャビテーションによる性能劣化防止のため、耐食性に優れた無電解メッキのカニゼンメッキを施した。

- 給気冷却器の目詰まりと孔食による水漏れを防ぐため、水通路の板厚を0.9mm→1.6mmにし、水通路の高さも3.2mm→3.8mmに変更し改善を図った。
- 排気マニホルドベローズの亀裂防

止のため、山数を4山→8山にし、材質のステンレス鋼もSUS304から、より耐食性の高いSUS316Lに変更。

■排気マニホルドベローズを両フランジ式にし、交換の際に排気マニホルドを外すことなく交換可能とした。

■運転切換スイッチ（キースイッチ）を投入（電源ON）した際に、電圧変動により空転滑走検出装置が誤動作して撒砂するのを防ぐため、電源投入時限時継電器を追加し回路を変更。

■計器用の蛍光塗料をアトムロイヒからルミノサインに変更したため、ブラックライトのフィルタを変更。

■ジャンパ連結器連動スイッチの緩み防止を図った。

■電気時計の精度向上のため水晶式の電気時計（クオーツロック）に変更。電源回路も変更となるので、従来のテンプ式電気時計は使用できない。

■運転室内のタンブラスイッチを変更。

■ブレーキ弁入口の元空気ダメ管にY型チリコシを入れて、ブレーキ弁内部のゴミ噛みの防止を図った。

■単独ブレーキ弁に直通予備ブレーキの準備工事を施工。

■補機駆動Vベルトをコグベルトに変更し、寿命延長を図った。

■吸気風道の目詰まり検出器に遮熱オオイを装着。

■ボンネット上部の送風機オオイの金網線径を3.2mm→4mmにし、補強骨も6本から12本に変更し、羽根車折損事故に対処。

■2端ボルスタアンカ受け取付部分の溶接に亀裂が発生したので、板厚12mmの補強を追加して応力軽減を図った。

■保守軽減のため機関車番号を、取付板を介して車体に取り付ける方法（ブロックナンバー）に変更。

1974（昭和49）年度 第1次債務車

DE10形 1728～1744号機
DE11形 1901号機
　　　　（防音型試作車）
DE15形 1513～1518号機

■シリンダヘッド冷却水、油通路結合部のゴムガスケットをシリコンゴム製に変更。

■逆転ピニオン玉軸受け押さえのスラスト力を受ける部分を、割損防止のため肉厚化。

■日立製液体変速機コンバータのラビリンス止めねじを、折損防止のため円周上の4本→8本に変更。

■空転ブザを有接点のものから無接点のものに変更。発音周波数は770Hz。

■EB装置試験を簡単に行えるようにキヤノンプラグを追加。

■直通予備ブレーキを正式採用し、ブレーキの多重化を図った。

DE10形1673号機

変更点が多い昭和49年度第2次民有車。外観ではDE10形1662号機以降は機関車番号がブロックナンバーに変更された。酒田　2001年6月3日　写真／名取信一

DE11形1901号機

1両のみが製造された防音型試作車。排気音低減のため運転席床下に排気消音器を設置したほか、遮音材による機器室の防音、汽笛の改良などが行われた。運転室上の四角い箱はDLで初搭載された冷房装置。西湘貨物　1989年　写真／長谷川智紀

国鉄 DE10形 ディーゼル機関車

- 直通予備ブレーキの追加により、J中継弁とB7圧力調整弁を新設。A寒地向けには凍結防止の電気ジャケットを追加。
- 1974（昭和49）年度第2次民有車ではボルスタアンカ受けの補強を行ったが、本グループは最初から当該部分の板厚を22mmとして強度を確保。
- 車端階段（ステップ）の最下段の雪詰まりを少なくするため形状を変更。
- DT141台車の引張力伝達装置である回転腕の強度を大きくした。

1975（昭和50）年度本予算

DE15形 1519〜1523号機

1975（昭和50）年度第1次債務車

DE15形 1524〜1532号機

1975（昭和50）年度第2次本予算・第2次債務車

DE10形 1745〜1747号機

- 冷却水タンク内部に補強を追加し、タンク剛性を増強。
- ブレーキ弁入口の元空気ダメ管Y型チリコシを、傷害防止の点から取付位置を変更。
- 強度を増すため、給気タワミ風道遮熱板の板厚を2.3mm→3.2mmに変更。
- EB装置故障の際にもTE装置が確実に動作するように回路を変更。
- 台車のオイルダンパ球面軸受を無給油型に変更し、グリスニップルを廃止。

1975（昭和50）年度第3次債務車

DE10形 1748〜1751号機

- DML61ZB機関の油受底部段差部分で亀裂が発生しやすいため、水平に二分割してフランジ部分をボルトで接合するように変更。
- SG搭載車の運転室内は、SG室計器扉部の点検扉があるため床面が一段低くなっていたが、SGなし車はこの段差を廃して床面を同一平面とした。

- 運転室床面の平面化によって補助腰掛は2端妻側に移設した。
- 運転室床面の平面化によって、運転室4位出入口扉も1位と同じ高さになり、運転室と歩み板の間に階段踊り場を追加し、手スリの形状を変更。
- SGなし車の2端ボンネット前面のルーバを廃止。
- 従来はSG搭載車を基本として重量配分は設計されていたが、本グループでは2端寄り端梁の厚みを25mmとして、散水タンク下面の死重を撤去。

DE10形1745号機

九州らしく前面のナンバープレートは朱色で塗装。2000年代の撮影なので、タブレットキャッチャーの撤去や側窓上部の水よけ追加など、小変更が加えられている。門司　2006年5月17日　写真／高橋政士

DE10形1750号機

4位寄り運転室内の床が高くなったため、乗務員室扉の高さが高くなり、歩み板との間に階段踊り場が1段設けられた。隅田川　2004年4月6日　写真／高橋政士

1976（昭和51）年度
第1次債務車

DE10形　1752〜1759号機
DE15形　1533〜1538号機
DE15形　2501〜2506号機

- シリンダヘッドおよび排気マニホルド周辺の作業性向上のため、排気管カバー取付板の位置を変更。
- シリンダライナを抜き取りやすくするために、ピストンリング上死点付近のシリンダライナ内側に溝を設けた。
- 1位出入口扉の手スリで、蓄電池箱歩み板の取付部分を強化し、手スリのぐらつき防止を図った。
- 台車枠の補強形状を変更し、排障器受けの強度を増強。
- ブレーキダイヤフラム内筒の高さを変更し、摩耗によるエア漏れを防止。
- フランジ塗油器を、曲線通過時にのみ塗油輪が接触するものから、常時接触のものに変更。

1976（昭和51）年度
第2次債務車

DE10形　1760〜1765号機
※DE10形最終グループ

- 排気消音器箱、煙道の板厚を2.3mm→3.2mmに変更し、耐食寿命の向上を図った。
- 冷却水タンク水面計のパッキンを木綿編みのものからクロロプレンゴム製に変更。
- 300φ旋回窓には電源コネクタは使用されていなかったが、本グループではほかのものと同様にコネクタを使用。

1977（昭和52）年度
第1次債務車

DE15形　1539号機
DE15形　2507〜2513号機

1977（昭和52）年度
第1次債務車

DE15形　1540〜1541号機
DE15形　2514〜2520号機

1978（昭和53）年度
第1次債務車

DE11形　2001〜2004号機

- 防音型量産車

1979（昭和54）年度
第2次債務車

DE15形　1542〜1544号機
DE15形　2521〜2525号機

1980（昭和55）年度
第1次債務車

DE15形　1545〜1546号機
DE15形　2526〜2527号機

DE10形1760号機
DE10形の最終グループとなる1760〜1765号機は全車が東北地方に配置された。1761号機は八戸臨海鉄道に売却されたが、2024年2月現在、6両全車が現役だ。常陸大子　2023年9月4日　写真／髙橋政士

DE11形2002号機
防音型試作車のDE11形1901号機をもとにした防音型量産車。台車まわりはカバーで覆われ、放熱ファンを低騒音型に変更。放熱器は容積を拡大のうえ後位に変更された。車体長は通常のDE11形よりも2500mm長い。西湘貨物　1989年　写真／長谷川智紀

DE10・11・15形の製造年次別一覧

製造年次	DE10形		DE11形	DE15形	
	SG付	SGなし	SGなし	SG付	SGなし
1966(昭和41)年度本予算 試作車	1〜4				
1967(昭和42)年度本予算 第1次量産車	5〜11、 20〜26	12〜19			
1967(昭和42)年度本債務				1	
1967(昭和42)年度第2次債務車	27〜38	501〜508	1〜7		
1967(昭和42)年度3次債務車	39〜46	509〜519	8〜11		
1968(昭和43)年度本予算		520〜526			
1968(昭和43)年度民有車	47〜81	527〜550	12〜32	2	
1968(昭和43)年度第4次債務車	82〜126		33〜38		
1968(昭和43)年度第5次債務車	127、 1001〜1002	551〜557	39〜50		
1969(昭和44)年度民有車	128〜158、 1003〜1005	558〜574	51〜65	3〜6	
1969(昭和44)年度第3次債務車	1006〜1025	1501〜1505	1001〜1008		
1969(昭和44)年度第4次債務車	1026〜1055	1506〜1508	1009〜1018		
1970(昭和45)年度民有車	1056〜1082	1509〜1527			1501〜1504
1970(昭和45)年度第1次債務車	1083〜1092	1528〜1532	1019		
1970(昭和45)年度第2次債務車	1093〜1123	1533〜1540			
1971(昭和46)年度本予算	1124〜1130、 1153〜1154	1541〜1551	1020〜1027		
1971(昭和46)年度民有車	1131〜1152、 1155〜1171	1552〜1558		1001	1505〜1508
1971(昭和46)年度第2次債務車	1172〜1175	1559〜1564			
1971(昭和46)年度第3次債務車	1176〜1187	1565〜1568			
1972(昭和47)年度民有車	1188〜1205	1569〜1578		1002〜1003	1509
1972(昭和47)年度第2次債務車	1206〜1209	1579〜1609	1028〜1031		
1972(昭和47)年度第3次債務車	1210		1032〜1035	1004〜1006	1510〜1512
1973(昭和48)年度第3次民有車		1610〜1661			
1974(昭和49)年度第2次民有車		1662〜1727	1036〜1046		
1974(昭和49)年度第1次債務車		1728〜1744	1901		1513〜1518
1975(昭和50)年度本予算					1519〜1523
1975(昭和50)年度第1次債務車					1524〜1532
1975(昭和50)年度第2次本予算・ 第2次債務車		1745〜1747			
1975(昭和50)年度第3次債務車		1748〜1751			
1976(昭和51)年度第1次債務車		1752〜1759			1533〜1538、 2501〜2506
1976(昭和51)年度第2次債務車		1760〜1765			
1977(昭和52)年度第1次債務車					1539、2507〜 2513
1977(昭和52)年度第1次債務車					1540〜1541、 2514〜2520
1978(昭和53)年度第1次債務車			2001〜2004		
1979(昭和54)年度第2次債務車					1542〜1544、 2521〜2525
1980(昭和55)年度第1次債務車					1545〜1546、 2526〜2527

国鉄 DE10形 ディーゼル機関車

岡山機関区に留置されていた DE50 形 1 号機。DE10 形と比べボンネットが異様に長く、本線用ならではの迫力がある。長らく休車状態が続いたが、2016 年 4 月にオープンした「津山まなびの鉄道館」に静態保存された。岡山機関区　1986 年 3 月 15 日　写真／新井 泰

COLUMN

本線用の5軸機、DE50形

支線区、入換用は DE10 形が、本線・亜幹線用は DD51 形が成功を収め、国鉄の無煙化は大きく進んだ。しかし、DD51 形は 2 組の機関と液体変速機を搭載し、保守点検の手間と費用がかかった。そこで、DD13 形→ DE10 形のように大出力機関を 1 台とした本線・亜幹線用の DE50 形が計画された。機関と液体変速機を 1 組とすれば、新製費、検修面、構造面などメリットが大きい。

ディーゼル機関は DML61ZB を 16 シリンダとした大出力機関の DMP81Z を開発。総排気量は 61.08L から 81.4L と増大、出力も 1,471kW（2,000PS）と大出力化され、主要部品は DML61ZB と共通化された。燃料高圧管が長くなるため、燃料噴射ポンプはクランク室のほぼ中央付近に設けられたが、調速機からの距離が遠くなり、燃料加減ラックのリンク装置の構造が複雑になった。また、シリンダ増により排気マニホルドが長くなったため、過給器は A1〜A4・B1〜B4 と A5〜A8・B5〜B8 と前後に分けられて機関の前後端に設置。排気管の取り回しがやや複雑になった。

液体変速機は DW2A 型を基本に、入力トルク増に備えてコンバータ部分を大型化し、軸や軸受歯車などを強化した DW7 型となった。さらに勾配抑速ブレーキ用として、ハイドロダイナミックブレーキを装備した。これは流体継手を利用し、変速機油でブレーキ力を得るもので、作用時にはタービン羽根をクラッチでケーシング側に固定。流体継手内に充油すると、変速機油の流体摩擦により出力軸側のトルクを吸収させる。ブレーキ力は流体継手への充油量で調整し、7 ノッチの範囲で作用する。吸収した走行エネルギーは熱に変換されるため、大容量の冷却装置が 2 エ

DE50 形の運転台。本線用なので、DD51 形と同様に進行方向を向いて設置されている。岡山機関区　1986 年 3 月 15 日　写真／長谷川智紀

ンド側に集中搭載された。

ブレーキは DE10 形と同じ DL15B 空気ブレーキ装置を搭載。DD51 形との重連も考慮して釣合引通管も装備し、車端部にはブレーキ管のほかに元空気ダメ引通管、制御管のアングルコックも設置するため、DE10 形や DD51 形よりも数が多い。

車体はセミセンターキャブで、本線用なので運転台は前向きに設置。運転室の座席は前後に 2 脚だけで、機関助士の乗務時には反対側の座席を転換して使用する。貨物用のため SG の設置はない。

稲沢第 1 機関区に配置され、篠ノ井線で試運転を行った。勾配途中の牽き出し試験では試験列車の重量が計画よりも重く途中で打ち切り。列車重量を軽くした再試験では牽き出しは成功したが、1 速コンバータのストールトルク比が設計より低い結果になった。DW7 型は 1 速コンバータが 2 段タービンとなる新規開発品で、台上試験を入念にできなかった影響があったようだ。1 速コンバータは対策品の検討となったが、2・3 速はほぼ計画通りの性能が得られた。

高速走行試験は山陽本線と伯備線で実施。新開発の DT140 台車はやや蛇行動が大きいものの大きな問題はなく、コイルバネ上下および減速機と台枠の間の防振ゴム剛性、心向リンクの角度などが検討された。この 3 軸台車の構造は、DE10 形の DT141 台車に応用された。

岡山機関区へ転属し、DE50 形の想定使用路線である伯備線で試験運用されたが、故障により運用を離脱した。

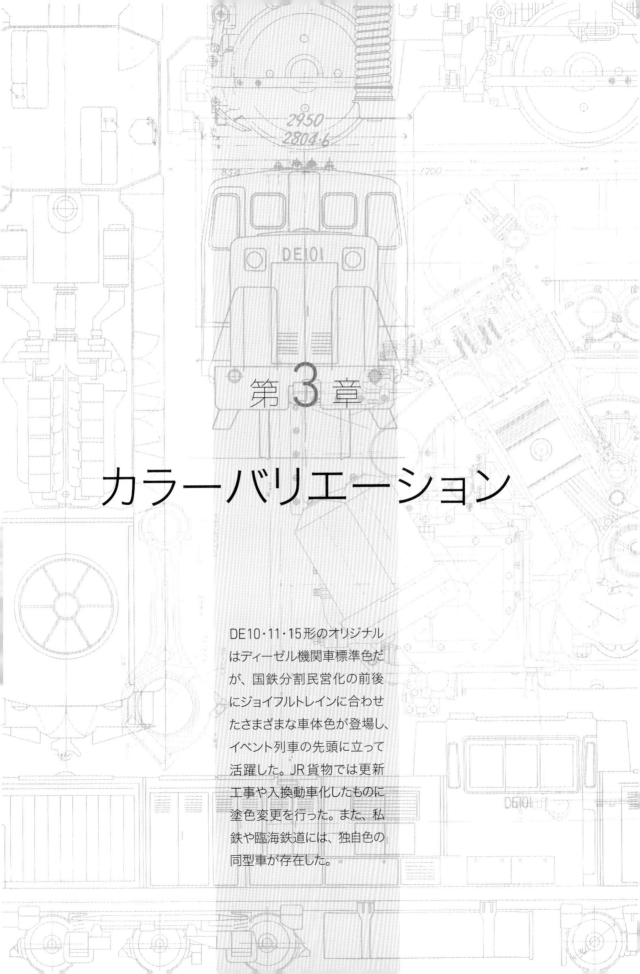

第 3 章

カラーバリエーション

DE10・11・15形のオリジナル
はディーゼル機関車標準色だ
が、国鉄分割民営化の前後
にジョイフルトレインに合わせ
たさまざまな車体色が登場し、
イベント列車の先頭に立って
活躍した。JR貨物では更新
工事や入換動車化したものに
塗色変更を行った。また、私
鉄や臨海鉄道には、独自色の
同型車が存在した。

カラフル！DE10・11・15形

DE10・11・15形にはさまざまなカラーバリエーションが存在した。本項では、国鉄、JR7社、私鉄・臨海鉄道・専用鉄道の大半の車体色を集めた。各塗色名は通称である。なお、国鉄末期に登場した塗色変更機は、承継したJRの項で紹介する。

文・写真 ● 村田忠俊(特記以外)

国鉄 DE10形 ディーゼル機関車

国 鉄

さまざまなカラーバリエーションがあるDE10形だが、基本となるのは朱色4号を基調に、車体上部と屋根をねずみ色1号、塗色の境界に白色の帯を配した国鉄色である。ただし、九州地区には小変更された塗色もあった。

国鉄色

言わずと知れた国鉄色は、国鉄のディーゼル機関車で最多数を誇ったDE10形、重入換機関車のDE11形、除雪タイプのDE15形が1両1両落成した時に施された塗色である。2024年現在、機関車そのものがなくなったJR東海・JR四国、自社塗色で統一したJR九州以外のJR各社のみならず、臨海鉄道や第三セクターでも見ることができる。いわばそのカラーリングはDE10形1号機が誕生して58年経った今なお伝承されている、日本のディーゼル機関車の「標準色」と言っていいだろう。

新製されたM250系を牽引するDE10形1725号機(JR貨物)。朱色4号とねずみ色1号のツートンに白色帯を配した国鉄色。　稲沢～清州間　2003年3月26日

九州色

国鉄時代に九州地方のDD51形やDE10形に施行された塗色で、前面の白帯が省略された。国鉄分割民営化前の機関車の大配置換えで九州を離れたDD51形・DE10形は首都圏や中京圏などで再出発したが、塗色はそのまま継続されて2010年代まで見ることができた。なお国鉄時代の塗色変更では、亀山機関区に所属していたDD51形・DE10形に施行された側面の白帯を省略した通称「亀山色」もあった。DE10形の亀山色は国鉄分割民営化前に消滅したが、DD51形1043号機のみ1997年まで継続した。

熊本区から宇都宮区に転属し、JR東日本に承継されてぐんま車両センター配置で現役の1752号機。2024年4月現在、国鉄色になっている。佐原　2003年7月27日

JR北海道

JR北海道の塗色変更機は、DE10形のほか除雪用のDE15形もある。DE15形は、夏場は「ノロッコ号」などの臨時列車を牽引するが、冬場は国鉄色のラッセルヘッドを付けてラッセル運用に従事している。

2代目のDE10形1660号機が酷寒の釧網本線を行く。キャブ上が赤く塗装されている。
原生花園〜北浜間　1998年3月

くしろ湿原 ノロッコ号色(初代)

1989年、日本一遅い列車「くしろ湿原ノロッコ号」の専用機として誕生。登場時のDE15形2508号機は客車と同じく白色をベースとしていたが、同地に飛来する丹頂鶴を模して1991年にキャブ上が赤色で塗装された。その後DE15形2508号機に代わり、DE10形1660号機が同塗色になった。

くしろ湿原 ノロッコ号色(2代)

1998年、これまで活躍していた旧客・客車改造の無蓋車・車掌車編成(上写真)から、50系を改造した編成で登場した「くしろ湿原ノロッコ号」の専用機。緑色と茶色をベースとした塗色で、初代牽引機はDE10形1660号機。後にDE15形2527号機、DE10形1661号機も加わった。現在も釧路湿原の観光列車として運行されている。

上／DE15形2527号機が牽引する冬季の「流氷ノロッコ号」。当列車は2016年に運行終了し、現在はキハ40形改造の「流氷物語号」が網走〜知床斜里間で運行している。
北浜　2016年2月27日

下／「くしろ湿原ノロッコ号」は編成端の客車から運転することができ、その際は機関車が後押しして進む。写真のDE10形1661号機は後押ししている。塘路　2018年7月1日

富良野・美瑛
ノロッコ号色（初代）

「くしろ湿原ノロッコ号」の誕生から8年後の1997年に登場した「富良野・美瑛ノロッコ号」の専用機として誕生。薄緑色をベースにキャブの屋根上は深緑色、そして虹のラインが施された。塗色変更当時は「くしろ湿原ノロッコ号」編成を牽引していたが、1999年に50系を改造した現在のオハ510系車両が誕生した。

「くしろ湿原ノロッコ号」編成を使用した、運転開始当初の「富良野・美瑛ノロッコ号」。DE15形2516号機には富良野のラベンダー畑と虹のラインが車体全体に描かれる。西中〜上富良野間　1998年8月20日

富良野・美瑛
ノロッコ号色（2代）

「富良野・美瑛ノロッコ号」で活躍していたDE15形2516号機の後継として塗色変更されたDE15形1533・1534号機。緑色を少々濃くした塗色で、本体前面には沿線の花畑をイメージした塗り分け、そしてこの塗色から初めて「ノロッコ」のロゴが車体に入れられたのが特筆される。

ぶどう色の510系「富良野・美瑛ノロッコ号」を牽引するDE15形1534形。初代塗色以上にカラフルになった。富良野〜学田間　2007年8月13日　写真／PIXTA

富良野・美瑛
ノロッコ号色（3代）

2019年に登場した「富良野・美瑛ノロッコ号」の3代目の塗色変更機。2代目の1533・1534号機に比べ「虹」を多く入れるなど、派手な塗色で登場した。キャブ側面の塗色は、3-1側は紫色を基調にラベンダー、2-4側は黄色を基調に同地で栽培されている小麦が描かれたアンシンメトリー（左右非対称）の塗り分け。

前後にラッセルヘッドを付けて、冬季の除雪作業に勤しむDE15形1535号機。写真は紫色基調にラベンダーが描かれた3-1側。当麻〜伊香牛間　2022年2月11日

国鉄 DE10形 ディーゼル機関車

釧路
総合車両所
塗色変更機

2001年に国鉄色から塗色変更された。本体下部は濃赤色、上部は黒色をベースとしたカラーは、根室地方の名産「花咲ガニ」をイメージしたかのような塗色だった。2015年まで釧路総合車両所所属の1両として根室・釧網本線の臨時列車を牽引していた。

マヤ34形を牽引するDE15形2510号機。冬季はラッセルヘッドを付けて、除雪作業にも使用された。なおJR北海道のマヤ34形による検測運転は2017年に終了した。札弦〜清里町間　2012年5月20日

国鉄 DE10形 ディーゼル機関車

JR苗穂工場
入換機

苗穂工場入換機として、初めてDEで採用されたのがDE10形1741号機である。両前面とキャブ、2エンド側ボンネットは青色、1エンド側ボンネット側面は白地に淡い緑帯が入るキハ183系のHET183カラーをまとっていた。

2006年に交代したDE15形2516号機は、元々は先述の「富良野・美瑛ノロッコ号」初代色であったが、車籍抹消後、苗穂工場の入換機として再出発した。塗色は当時JR北海道で試運転を行っていた、鉄道と道路を走ることができるDMVに類似した黄色基調であった。

そして現在は2019年に交代した「SLニセコ号」の補機などで活躍していたDE15形1520号機で、国鉄色のままナンバーを外した状態で苗穂工場の入換業務に従事している。

上／DMVに似た黄色基調の塗色をまとうDE15形2516号機。キャブの側面と前面の一部は灰色に塗られている。苗穂工場　2009年8月18日

下／現在の苗穂工場入換機を担うDE15形1520号機。前後のナンバーは外されているが、塗色は国鉄のままである。写真は本線時代（参考）。倶知安　2014年9月27日

JR北海道
濃紺色

2001年に函館〜森間で運行を開始した「SL函館大沼号」の専用機として、DE10形1690・1692号機が塗色変更された。後述のJR九州のDE10形と違い、こちらは「濃紺色」であった。同列車は2014年に運行が終わり、現在は国鉄色に戻され1690号機は釧路へ、1692号機は旭川へそれぞれ転属し、同エリアを中心に活躍している。

「SL函館大沼号」用の14系座席車を牽引するDE10形1692号機。次位の車掌車と見比べると、青みがかっているのが分かる。森　2009年8月16日

国鉄 DE10形 ディーゼル機関車

ロイヤルエクスプレス専用機

伊豆急行の「THE ROYAL EXPRESS」を使用し、JR北海道・東日本・貨物・東急の共同で2020年から運行された「THE ROYAL EXPRESS 北海道」の専用牽引機。黄色単色のDE15形が重連で先頭に立ち、道内各地を運行している。毎年恒例の運転となり、2022年には宗谷本線への入線も果たした。今後も期待したい列車のひとつである。

上／黄色のDE15形1542号機＋DE15形1545号機の重連が、白色の控車マニ50形を介して、濃紺色の「THE ROYAL EXPRESS」を牽引する「THE ROYAL EXPRESS 北海道」。止別〜浜小清水間　2020年8月2日

下／車端部や台枠まで黄色で塗装されたDE15形1545号機。池田　2020年8月2日

JR東日本

多くのDE10・11・15形を承継したJR東日本だが、塗色変更機の種類は少なく、下記の3種類のみ。
このうち、ぐんま車両センターに所属する茶色の1705号機は、現在もこの塗色をまとっている。

ノスタルジック ビュートレイン

1990年に五能線で運転を開始した「ノスタルジックビュートレイン」専用機。客車と同じく黄色を基調とし、白色、濃茶色の塗装がDE10形1112号機・1186号機・1187号機・1204号機の4両に施された。1996年の運行終了後も、機関車はそのままの塗色で本線走行のほか、秋田、弘前などで入換業務をこなしていた。

展望デッキのある50系客車で編成が組まれた「ノスタルジックビュートレイン」。専用塗色のDE10形1187号機を最後尾に付け、ED75形の牽引で運転されるところ。秋田 1993年8月5日

シルフィード

1990年に登場した485系ジョイフルトレイン「シルフィード」専用機のDE10形1701号機。電車と同じく白色を基調に薄緑色と薄紫色の帯を巻いた塗色が特徴で、新潟エリアを中心に非電化区間の同列車をはじめ、多客臨や工臨、特雪の補機など幅広く活躍した。2004年にJR貨物東新潟機関区に転属。しばらくは同塗色のまま主に黒井駅の貨物入換に従事していた。

試験車のマヤ34形を牽引する「シルフィード」色のDE10形1701号機。電車ジョイフルトレインの非電化区間用なので、同列車以外の運転も多かった。小出～薮神間 1999年11月

高崎車両センター 茶色塗色

1987年に登場した茶色塗色のDE10形1705号機。現存している塗色変更機で、最も長く変更後の塗色を維持し続けている。近年は主に高崎駅構内の客車の入換に従事していたが、2023年11月に水郡線で旧型客車を牽引したことは記憶に新しい。現在は組織改編でぐんま車両センターの配置。

磐越東線で旧型客車を使用したイベント列車を牽引するDE10形1705号機。旧型客車や蒸気機関車のある高崎区ならでは。

JR東海

JR東海にDE10・15形の塗色変更機はないが、下まわりが灰色で塗装されていた。なお、同社では、所有する機関車がJR7社の中でいち早く姿を消したため、すでにDE10・15形を保有していない。

JR東海所属車

JR東海のDE10・15形の下まわりは、2023年に引退したキハ85系などの気動車・電車などと同じく、灰色で塗装されていたのが特徴である。一部のDE10形はJR貨物愛知機関区に譲渡され、そのまま灰色塗装で運用をこなしていた。

欧風列車「ユーロライナー」と連結作業中のDE10形1518号機。車体色は国鉄色だが、下まわりは灰色で塗装されている。名古屋2001年7月

JR西日本

JR西日本では、非電化路線で客車の観光列車を運転し、その専用牽引機として塗色変更機が登場した。ユニークなところでは、ラッセルヘッドのみに力士の姿を描いたDE15形があった。

DE10形1152号機を先頭にした「きのくにシーサイド」。機関車と反対側の4号車には運転台が設けられ、客車から機関車の推進運転ができた。新宮 2000年8月

きのくにシーサイド

1999年に南紀・熊野地域で開催された南紀熊野体験博にあわせて運行を開始した「きのくにシーサイド」の専用機としてDE10形1152号機が塗色変更された。客車の塗色に合わせて青色を基調に、キャブはクリーム色で塗装された。客車の運行終了後も塗色変更機のまま宮原など入換で使用されていたが、後に国鉄色に戻された。

嵯峨野観光色

私鉄の項で紹介するDE10形1104号機が活躍する嵯峨野観光鉄道の予備機として、DE10形1156号機が2002年に塗色変更された。梅小路運転区を拠点として、嵯峨野観光鉄道の予備運用のほか、京都～大阪界隈の配給列車牽引、そして京都鉄道博物館の展示車両の入換も担当している。

嵯峨野観光鉄道のトロッコ列車に合わせた塗色だが、ロゴマークが入れられていない。梅小路　2011年9月10日

国鉄 DE10形 ディーゼル機関車

上／力士の顔と化粧まわしが描かれたDE15形2519号機のラッセルヘッド。ウイングには腕が描かれ、広げると力士が腕を広げたようだった。備後落合2008年11月7日

左／走る姿も迫力満点！　DE15形2519号機が活躍した出雲地方は、江戸時代最後の横綱であった陣幕久五郎など相撲にゆかりが深い地域だ。

力士塗色

DE15形2519号機の機関車本体ではなく、2エンド側ラッセルヘッドの正面に力士の絵が描かれていた。ラッセルヘッドには力士が、裾側のフランジャーには化粧まわしが描かれ、さらに車両基地でのイベント時にはラッセルヘッドの上に「髷（まげ）」が付くなど、細部までこだわりがあった。

115

松任工場入換色

2024年3月に閉鎖された金沢総合車両基地松任本所(旧・松任工場)の入換動車。その中で1548号機は、白色を基調にイルカやこの地域の花として親しまれているアジサイなどが描かれたカラフルな塗色だった。近年ではDE10形1035号機がメインとなって入換に従事していたが、同所閉鎖1年前の2023年に廃車となった。

松任工場で521系の入換にあたるDE10形1035号機。「サロンカーなにわ」のお召列車の牽引実績があり、入換用になってからも国鉄色のままだった。松任工場 2023年5月25日

奥出雲おろち号

1998年に運行を開始し、2023年11月に惜しくも運転終了となった「奥出雲おろち号」専用機。「銀河鉄道」をイメージして、機関車、2両の客車とも白と青の曲線ストライプが描かれた塗色をまとう。運行開始当初はDE15形2558号機が担当していたが、2010年からDE10形1161号機が加わった。

上／「奥出雲おろち号」の先頭に立つDE15形2558号機。隣にはラッセルヘッドを付けたDE15形が停車する。出雲坂根 2008年11月7日

下／「奥出雲おろち号」は木次線の人気観光列車となり、DE10形1161号機が加わった。塗色はDE15形と同じ。出雲三成〜出雲八代間 2013年11月22日

JR四国

国鉄時代にDD51形が配置されなかった四国では、DF50形が引退するとDE10形が機関車の主役となり、旅客列車から貨物列車まで万能に活躍した。そのため、ジョイフルトレインの専用牽引機も、DE10形が指定された。

JR四国所属車

国鉄分割民営化で、JR四国へは37両のDE10形が譲渡された。塗色は国鉄色のままであったが、他のJR各社と違う点は、キャブ下にJRマークが貼付されたことであろう。2023年に最後の1両であった1139号機が廃車となり、JR四国のDE10形はすべて姿を消した。

上／レール輸送に従事するDE10形1139号機。無煙化が早かった四国だが、本機の引退で四国のディーゼル機関車史は終焉を迎えた。塩入〜琴平間　2015年12月11日

下／区名札差しの下にJRマークが貼付されたDE10形1139号機。国鉄色のDE10形にJRマークを貼付したのはJR四国のみである。多度津　2015年12月11日

アイランドエクスプレス四国

1987年に50系を改造して登場した「アイランドエクスプレス四国」。四国＝青い国というイメージが一般的に定着していることから、機関車・客車とも白と水色を基調にした塗色が施された。専用牽引機としてDE10形1014・1148号機が塗色変更され、1014号機の引退で1036号機が加わった。1999年に運用終了し、当時残っていたDE10形2両はその後、国鉄色に戻された。

専用牽引機が重連で先頭に立つ「アイランドエクスプレス四国」。JR四国のコーポレートカラーとなる水色と白色のツートンカラーをまとっていた。1999年　写真／PIXTA

JR九州

九州は国鉄時代から独自の塗り分けを採用していて、JR九州承継後もその塗色を継続していたが、現在はすべて黒色に変更された。JR九州発足初期には、ジョイフルトレインの専用牽引機や電車特急の非電化区間乗り入れ用に塗色変更機が登場した。

国鉄 DE10形 ディーゼル機関車

JR九州黒塗色 1

JR九州の黒塗色は、テレビ番組のイベント列車運転に伴い2010年に登場した。車体全体は黒塗色であるが、手スリ部分と各ステップ部分は朱色が施されていた。この塗色は一時期4両存在していたが、現在は下のJR九州黒塗色2に統一された。

全体が黒色で塗装され、手スリとステップ上だけでなく、台枠にもオレンジ色のラインを入れてアクセントとしている。志布志 2013年8月5日

JR九州黒塗色 2

上の塗色の後継色として、2014年に塗色変更されたDE10形1206号機から始まった。車体全体は黒色、各ステップ部分は朱色と変わらないが、手スリとナンバープレートの文字は金色が施された。現在、JR九州所属のDE10形はすべてこの塗色に変更された。2021年に登場したDD200形701号機も同様の塗色をしているため、今やJR九州所属のディーゼル機関車の基準塗色と言ってもいいだろう。

上／1エンドどうしを向かい合わせにした重連で「ななつ星 in 九州」を牽引するDE10形1209号機。同列車に合わせたシックな装いとなった。緒方〜豊後清川間 2021年7月18日

左／レール輸送列車を牽引するDE10形1195号機。定期列車はないが、さまざまな運用に用いられている。黒崎 2022年7月2日

パノラマライナーサザンクロス

1987年に登場したJR九州のジョイフルトレイン「パノラマライナーサザンクロス」の専用機として、DE10形1131号機が塗色変更された。客車と同じメタリックレッドを主体とし、車体下部には白い帯、そしてボンネット側面に「Southern Cross」のロゴが入れられた。同列車は1994年に廃車となり、同機も九州色に戻された。

客車と同じメタリックレッドの派手な赤色をまとい、1エンド側ボンネット側面に「Southern Cross」のロゴが入れられたDE10形1131号機。主に非電化路線の運転に使用された。点検扉を開いたまま走行するイレギュラーな姿。1987年　写真／PIXTA

485系塗色

1987年3月から、特急「有明」がまだ非電化区間であった豊肥本線水前寺まで直通運転することになり、牽引するDE10形1755号機に485系特急形電車と同じ塗色が施された。1994年に下の「ハイパー有明」とともに水前寺乗り入れが終了し、九州色に戻された。

水前寺乗り入れに際し、熊本～水前寺間はDE10形の牽引となった。DE10形1755号機は485系に塗色が合わせられたが、電源車のスハフ12形は青色のままだった。写真／PIXTA

ハイパーサルーン色

DE10形1755号機の485系塗色が登場した翌年の1988年3月、783系が同じく水前寺まで乗り入れするのに際し登場した塗色。車体は白色を基調に赤色のラインが入り、さらに車体前面には愛称「ハイパーサルーン」のロゴが書かれていた。

ハイパーサルーン色をまとうDE10形1756号機。電源車はヨ8000形の改造車に変更され、車体色も白地に赤色帯に合わせられた。1756号機は現在、正反対のJR九州黒塗色2をまとう。写真／新井 泰

JR貨物

国鉄分割民営化で、JR貨物は7社で最多の151両のDE10形を承継。全国の貨物駅での入換のほか、本線での牽引に使用された。2000年代に入って更新工事が行われ、施工車は塗色も変更された。また、入換に特化した車両は入換動車とされ、多くは識別のため車体色が変更された。

国鉄 DE10形 ディーゼル機関車

JR貨物更新色（青）

JR貨物のディーゼル機関車の延命工事に伴い、2002年に登場したDE10形更新機。登場時は国鉄色と塗り分けは一緒だが赤色から青色に、またボンネット前面の点検扉はクリーム色が施されていた。北海道と九州を除く地域で見ることができたが、次の全般検査で下の赤更新機へ変更されて消滅した。

ディーゼル機関車といえば朱色のなか、正反対の青色基調で登場したJR貨物更新色。EF65形など国鉄型直流電気機関車に沿ったカラーとなった。新興〜東高島間　2003年1月

JR貨物更新色（赤）

上のDE10形青更新機に代わる塗色で、車体は下から灰色・白帯・赤色、運転台の前後は黒色、そして運転台屋根上は灰色、ブロックナンバーは白色が施された。2004年に初登場し、未更新機はもちろん、これまで青更新色だったDE10形も全般検査で同塗色に変わり、全国各地で活躍している。なおDE11形2001・2002・2004号機も2010年前後から更新工事のため、国鉄色から同様の塗色に変更された。

新たな標準色ともいえる赤更新色をまとうDE10形1592号機。ナンバープレートは切り抜き文字。末期にはキャブ側面のJRFマークがない車両も存在した。北長野　2014年3月1日

JR貨物更新色（赤）
苗穂工場施行

ベースはJR貨物更新色（赤）であるが、運転台妻面の屋根上前後に赤色が施されているのが特徴である。苗穂工場の施工車なので、北海道内のJR線や貨物駅で活躍をしている車両が大半だが、本州に転属した車両も存在している。

本州に転属し、203系の回送を重連で牽引するDE10形1729号機。手前が苗穂工場施工車で、次位の機関車と比べ屋根の妻面が赤色で塗装されている。

JR貨物更新色（赤）
土崎工場・
小倉工場施行

基本的には JR 貨物更新色（赤）ではあるが、大きな相違点としては、土崎工場出場車はブロックナンバーをねずみ色に、小倉車両所から出場した DE10 形は九州色を継承したかのように赤色を施した点である。

JR貨物更新色（赤）をベースとしながら、ブロックナンバーを車体の灰色よりも濃いねずみ色で塗装した土崎工場施工車。
涌谷〜前谷地間　2009年9月19日

JR貨物更新色（赤）
広島工場施行

車体色の配色は JR 貨物更新色（赤）と同じであるが、白帯の前面部分が斜めにカットされた形になっているのが特徴。一部の車両は煙突が黒色で塗装されていた。広島工場の施工車のため、主に大阪以西で見ることができた。

JR 貨物更新色（赤）とほぼ同じだが、前面の白帯が斜めにカットされて鋭利な印象になった。煙突も黒色で塗装されている。
厚狭　2007年1月2日

JR貨物
入換動車色

本線運用には入らず、入換のみに従事した DE10 形が2000年に登場した。保安装置を撤去して「入換動車」と呼ばれたこれらの車両は、国鉄色を承継している車両もいたが、一部はワインレッドを基調とし、正面点検扉が黄色の塗色に変更された。2010年にハイブリッド機関車 HD300 形が登場し、次第に活躍の場が失われ次々に姿を消していった。

大竹から広島方にあるコンテナヤードで入換に従事する DE10 形 1731 号機。同機は長きにわたって北海道で活躍していたが、末期は岡山機関区で活躍した1両であった。
大竹　2016年9月24日

121

JR貨物関東支社
入換動車色

JR貨物関東支社内で見ることができた入換動車の塗色。下から灰色、白色、赤色が均等に塗られ、1エンド側煙突付近は薄い赤色であった。主に関東・甲信越で使用されたが、HD300形の範囲拡大に伴い、DE10形で最後の本塗色機となった車両は九州の大牟田で使用されていた。また、相模貨物駅のDE11形2003号機も同様の塗色が施されていたが、2023年11月に大宮車両所へ回送された。

JR貨物更新色（赤）と同じカラーだが、塗り分け方が異なる。写真は大牟田で入換に使用されていたDE10形1528号機で、同塗色をまとった最後のDE10形であった。大牟田～仮屋川操車場間 2012年2月12日

JR貨物入換動車色
広島工場施行 1

車体は国鉄色であるが、前面の台枠端部にゼブラ色が施され、手スリが黄色で塗装された。2000年代前半に米子操車場や大竹駅などで見ることができた。このような小規模な塗色変更では、長野地区にて国鉄色であるが帯の一部が青色のDE10形1526号機が入換動車で使用されていた。

端梁部分が黄色のゼブラ模様で塗装され、蒸気機関車時代の入換機を彷彿させるDE10形1049号機。米子操車場（許可を得て撮影） 2005年7月9日

JR貨物入換動車色
広島工場施行 2

ゼブラ色を施された上のDE10形1049号機だが、2006年の全般検査でEF67形と同様の朱色を基調に、黄色い帯を巻いて登場した。一貫して米子操車場で活躍していた同機だが、2013年に廃車。その後の米子操はワインレッドのDE10形1717号機などが投入されたが、2015年同駅が廃止となった。

広島工場で整備されていたEF67形と同じ朱色に塗色変更されたDE10形1049号機。JRFマークも帯と同じ黄色で書かれる。米子操車場（許可を得て撮影） 2008年11月7日

臨海鉄道 ほか

臨海鉄道や貨物専用鉄道などではDE10形の同型車が新製投入されたほか、JRから承継した車両も在籍。独自の車体色をまとったり、国鉄色だが社紋が入れられるなど、外観が変化したものがある。また、一部の私鉄ではDE10形を購入し、観光列車の牽引などに使用している。

旭川通運

旭川通運には、JR北海道から譲渡されたDE15形2553・1521号機が在籍した。2553号機は淡いオレンジ色をまとい主に日本製紙旭川工場で、1521号機は国鉄色で北旭川構内の日本オイルターミナルの入換に従事していた。2両に共通する点は、キャブ側面に全国通運の社紋が入ったプレートが掲げられ、旭川と書かれていた。2553号機は1997年に廃車。1521号機は2012年に廃車となった後、輸出目的のため同年12月に室蘭港に甲種輸送されたものの、現地解体された。

1521号機は国鉄色のままだが、キャブ側面に旭川と書かれた大きなプレートを掲出。中央には全国通運の社紋が入れられた。北旭川（許可を得て撮影）　2012年5月

十勝鉄道

十勝鉄道には元JR東日本所属のDE10形1543号機が2004年から、1525号機が2010年から在籍した。両機とも国鉄色が施されていたが、前面に十勝鉄道の社紋が入れられ、キャブ側面に十勝鉄道と書かれていた。同鉄道は2014年に廃止となり、2両とも秋田臨海鉄道へ売却。1525号機は1250号機と改番され両機は活躍していたが、秋田臨海鉄道も2021年に廃止となる。1543号機は廃車となったが、1250号機は仙台臨海鉄道へ売却され、DE65形3号機に改番されて現在も活躍している。

車体色は国鉄色だが、ボンネット前面に十勝鉄道の社紋が入る。キャブ側面の白帯部分には十勝鉄道の文字のほか、社紋のプレートが貼付されている。写真の1525号機は、改番されて仙台臨海鉄道で現役だ。日本甜菜製糖芽室製糖所～帯広貨物間　2011年10月27日

新潟臨海鉄道

新潟臨海鉄道はDE65形の形式名で、1・2号機は自社発注、3号機は元DE10形1144号機である。国鉄色と同じ塗り分けだが、配色は淡い赤色に黄色帯で、キャブ下に新潟臨海鉄道と書かれていた。2002年に同鉄道は廃止となり、2号機のみ秋田臨海鉄道へ譲渡。当初は新潟臨海鉄道時代の塗色だったが、後に国鉄色に塗り替えられた。その後、2011年の東日本大震災で甚大な被害を受けた仙台臨海鉄道に貸し出され、2017年正式に譲渡された。

国鉄色と同じ塗り分けだが、異なる配色がいかにも私鉄の機関車らしいDE65形。写真の2号機は、現在も仙台臨海鉄道で現役だ。藤寄～黒山間　2002年8月

東武鉄道

2017年から運行を開始した東武鉄道の「SL大樹」。DE10形1099号機が補機として用意されたが、2020年に1109号機が加わった。前者は国鉄色のままだが、後者はJR北海道のDD51形「北斗星」色をそのまま採り入れた塗色である。2023年に1109号機が会津若松まで、会津鉄道全線に乗り入れたことは記憶に新しい。

青色の車体色に金色の帯、キャブには星まで描かれて、まさに「北斗星」色そのもののDE10形1109号機。SLのレトロさはないが、14系客車には似合っている。新高徳～小佐越間　2020年8月23日

わたらせ渓谷鐵道

1998年に登場した「トロッコわたらせ渓谷号」専用機の1537号機は、ボンネット部分はトロッコ列車に合わせた茶色に金色の帯、そしてキャブは金色で塗装されている。わたらせ渓谷鐵道では1678号機も保有しているが、こちらは国鉄色のままである。

風光明媚な渡良瀬渓谷を走る「トロッコわたらせ渓谷号」。塗色は変わったが、DE10形がオリジナル内装の12系客車を牽引する貴重な列車でもある。原向～沢入間　2005年5月

神岡鉄道

神岡鉄道では、DD13形タイプのKMDD13形が長く使用されていたが、その後継として1991年にJR四国から譲受した。元DE10形1005号機であるKMDE101号機は、車体は濃紺色を主体とし、手スリとランボードは黄色、キャブ下には「飛騨路」のエンブレム、そして2エンド側側面には星が描かれていた。

神岡鉄道が2006年に廃止され、奥飛騨温泉口駅前に保存されたKMDE101号機(現役時代とは塗色がやや異なる)。翌年の2007年に惜しくも解体された。写真／PIXTA

樽見鉄道

樽見鉄道色 1

国鉄樽見線を1984年に第三セクター方式の樽見鉄道へ転換する際に自社発注されたTDE101号機。ベースこそ国鉄色であるが、ボンネット前面とキャブ側面に白色でVラインが入れられたのが特徴であった。

樽見鉄道が自社発注し、1984年に落成したTDE101号機。樽見鉄道は開業当初、レールバスの運行が有名だったが、通勤・通学時間帯は客車列車が運転されていた。

樽見鉄道色 2

TDE102号機は樽見鉄道の開業時に、衣浦臨海鉄道からKE652号機を譲渡された車両。同鉄道沿線には観光名所の薄墨桜があり、1990年にトロッコタイプの客車列車「うすずみファンタジア号」が登場し、それに合わせて塗色変更された。本体は下から青色、ピンク色の細帯、そして黄色とカラフルな装いであった。

重連でセメント列車の先頭に立つ1両目がTDE102号機、2両目がTDE101号機。トロッコ列車牽引を目的とした、明るくカラフルな塗色だった。本巣　2003年12月

樽見鉄道色 3

TDE113号機は、1992年に西濃鉄道からDE10形502号機を譲受した車両。配色は国鉄色に準じているが、車体色は水色を基調に、キャブの一部分に赤色を配していた。なお樽見鉄道の機関車は、本巣駅近くの大阪セメント本巣工場の貨物輸送が終了した2006年まで活躍していたが、その後所属していたすべての機関車が解体された。

TDE113号機＋TDE101号機の重連が牽引するセメント列車。白帯の位置が国鉄色と合っていることが分かる。十九条～東大垣間　2004年11月

国鉄 DE10形 ディーゼル機関車

関西フレートサービス

大阪貨物ターミナルの入換業務を担っていた関西フレートサービス。機関車は群青色を基調に車体中央に黄色の太い帯、そしてボンネット前面が鋭利な形になっているのが特徴。キャブ側面のナンバー横には会社の略称 KFS のロゴが入っていた。2020 年に同駅の入換が HD300 形に置き換えられ全車廃車となった。なお、動態ではないが 1014 号機のみ真岡鐵道に譲渡された。

関西フレートサービスには DE10 形 1014・1067・1082 号機の 3 両が所属した。写真の 1014 号機は廃車後に真岡鐵道に譲渡され、真岡駅の SL キューロク館の敷地内に保存されている。
大阪貨物ターミナル　2005 年 7 月

三井鉱山

平成筑豊鉄道金田駅から西へ伸び、三井鉱山セメント田川工場までつながっていた通称「金見鉄道」。1985 年に DE10 形 541 号機が DE-10 NO5、1987 年に DE10 形 1578 号機が DE-10 NO6 とそれぞれ改番されて活躍していた。車体はオレンジ単色で、ボンネット前面はナンバープレート部分に「DE-10」、扉部分には番号が切り抜き文字で入れられた。2004 年の同工場閉鎖に伴い鉄道も廃止。機関車も廃車となった。

オレンジ色単色の DE-10 NO6。キャブには番号の切り抜き文字、三井鉱山株式会社の社名と社紋が入っていた。三井鉱山セメント田川工場（許可を得て撮影）　2002 年 12 月 6 日

ボンネットを黒色、キャブを赤色で塗装。キャブにエンブレムが付くため、側面にはナンバープレートがない。梅小路蒸気機関車館
2012 年 1 月 9 日　写真／PIXTA

嵯峨野観光鉄道

山陰本線嵯峨〜馬堀間の旧線を活用し、観光鉄道として 1989 年に開業した嵯峨野観光鉄道。DE10 形 1104 号機が専用機として JR 西日本から譲渡された。JR 西日本の DE10 形 1156 号機と同じ塗色だが、こちらは前面とキャブに「嵯峨野」のエンブレムが付く。なお、「奥出雲おろち号」の廃止で、客車に運転台が付く「ベンデルツーク」という推進運転が本州で見られるのは嵯峨野観光鉄道と大井川鐵道井川線のみとなった。

岩国産業運輸

岩国駅から広島方へ伸びている日本製紙岩国工場専用線で活躍していた DE10 形 1668 号機。水色を基調に青帯を巻いていたが、わずか 1 年の活躍であった。なお同機はその後、高崎運輸に譲渡されて倉賀野・熊谷の両貨物ターミナルで活躍をしていたが、2016 年 3 月に JR 貨物の HD300 形が両駅に投入されて用途不要となった。1668 号機は輸出のため、2016 年 10 月に横浜本牧ふ頭に陸送されたが、その後の動向は不明である。

高崎運輸に譲渡後の DE10 形 1668 号機。国鉄色に変更されたが、前面のナンバープレートは一時期黒色であった。熊谷貨物ターミナル
2010 年 12 月 11 日

第 **4** 章

DE10形のディテール

国鉄の電気・ディーゼル機関車で最多の708両が製造されながら、その形状は3軸＋2軸の軸配置、左右非対称の車体側面、横向きの運転席など実に特徴的で、アンバランスなスタイルが人を惹き付ける。第4章ではJR東日本郡山総合車両センター所属のA寒地型、1649号機のディテールを見ていく。

DE10形1649号機の ディテール

文・写真 ● 高橋政士、林 要介(編集部)
取材協力 ● 東日本旅客鉄道株式会社　東北本部
取材日 ● 2023年11月17日　郡山総合車両センター

全国に足跡を残したDE10形にはいくつかの形態差があった。その中で、北海道・東北・北陸地方など寒冷積雪地域で活躍をしたのがA寒地型である。数ある現役機の中から、JR東日本郡山総合車両センターに所属する1649号機に白羽の矢を立て、取材をさせていただいた。

国鉄 DE10形 ディーゼル機関車

磐越東線で旧型客車を用いた「陽春磐越東西線号」の試運転列車を牽引する DE10形 1649号機。原色の DE10形が牽引する旧客の編成は、かつてスハニ64形が運用されていた時代を彷彿させる。要田〜三春間　2022年4月14日　写真／高橋政士

原形の外観を維持する
栄光の特急牽引機

DE10形は1966（昭和41）年から1978（昭和53）年にかけて708両が製造され、国鉄分割民営化では361両がJR7社に承継された。2024（令和6）年4月1日現在、JR東海・JR四国以外の5社に残存しているが、たとえばJR貨物では後継のHD300形、DD200形が登場し、同型車をJR九州も投入したり、JR東日本では砕石輸送に使用するGV-E197系が正式運用を開始したりと、置き換えが本格化した。

製造年次によってさまざまな形態差があるが、なるべく新製時の原形に近い車両を取材させていた

だきたい、ということで、JR東日本郡山総合車両センターに所属するDE10形の中から、1649号機に白羽の矢を立てた。

国鉄分割民営化から35年以上経ち、JR各社に承継された車両たちはそれぞれ車体色を変更したり、新しい保安装置などを搭載したり、旧装備が撤去されたりして、外観が変化してきているものも多い。そのような中、DE10形1649号機は
・オリジナル色を維持し、塗装の状態も良好
・タブレットキャッチャーと保護ゴム板が残存
・2エンド寄りボンネット前面に、ATS-P追加に伴う扉の追加がない
・A寒地仕様（スノープロウ・旋回窓を装備）

など、原形に近い外観を現在も保っている。そのため、ファンからは通称「フル装備」などと呼ばれている。

1649号機は、昭和48年度第3次民有車として川崎重工業大阪車両部で落成。1973（昭和48）年12月16日、新庄機関区に新製配置され、主に陸羽東・西線などの運用を受け持った。1987（昭和62）年3月1日に新庄運転区に改組された後も同区に残存し、国鉄分割民営化ではJR東日本が承継。2000（平成12）年12月2日に磐越東線営業所に転属。2005（平成17）年12月10日から、改組に伴い郡山総合車両センターの配置となり、現在に至る。その間に、保安装置をATS-SからATS-Snを経てATS-Psへ換装されている。

また、1990（平成2）年9月1日から1997（平成9）年3月21日にかけて、奥羽本線で山形新幹線の改軌工事が行われるのに伴い、寝台特急「あけぼの」が陸羽東線経由で運転されたが、1649号機はその際の牽引担当に選ばれている。迂回運転とはいえ、長期間にわたって寝台特急の先頭に重連で立つ姿は輝かしく、すべてのDE10形を代表する勇姿といえるだろう。

通常は見られないようなディテールまで取材をさせていただいたが、取材日はあいにくの雨天で、読者の皆さまにも美しい姿を十分にお見せできず、お詫び申し上げたい。

最後に、この取材にご尽力いただいたJR東日本東北本部企画総務部および同郡山総合車両センターの皆さまに、改めて感謝申し上げる次第である。

DE10形1649号機の表情

DE10形1649号機を4方向から見ていく。DE10形は片側のみに機関を搭載しているため、前後非対称の車体形状が特徴。4方向それぞれでまったく異なる姿を見せる。

機関を搭載する1エンドから2-4側を見た様子。

2エンドから2-4側を見た様子。2-4側の乗務員室扉はこちら側にある。後述の1位乗務員室扉との縦寸法の違いに注目。

2エンドから3-1側を見た様子。128ページの走行写真はこの位置になる。

1エンドから1-3側を見た様子。こちら側は第2運転台側となる。

四面から見たDE10形1649号機

今度は四面図ように、両正面と両側面から見ていく。DE10形の特徴である5軸の軸配置と
セミセンターキャブ型の車体形状がよく分かる。

1エンド前面。ボンネットが長いので、グラウンドレベルでは
キャブがほとんど見切れてしまっている。

3-1側側面。乗務員室扉が1位側に付くので、車体中央付近の燃料タンクにもステップが彫り込むように設けられている。
ボンネットが短く視界確保が1エンド側より良いため、2エンド側の方がボンネット全高が若干高い。

2-4側側面。向かって左が機関を搭載する1エンド、右の2エンドには1500番代なので元空気ダメや機関予熱器、散水タンクなどを搭載する。セミセンターキャブというものの、完全に半分より片寄っている。原形となったDD20形2号機より、2エンドのボンネットが長くなった印象。

2エンド前面。ボンネットが短い側では、キャブの屋根や前面窓まで見える。

外　観

前端とボンネット部分を中心に、外観を見ていく。DE10形は大型のディーゼル機関を1エンド側のみに搭載。2エンド側は0・1000番代は蒸気暖房発生装置（SG）を搭載するが、SG非搭載車の500・1500番代は機関予熱器を搭載し、さらに散水タンクの板厚を厚くするなど、死重を載せて重量のバランスを取っている。

1エンド側の前面。本機は塗装の状態が美しく、ホース連結器のアングルコックが色分けされている。前後で輪軸数が異なるため、端梁を75mm（試作車は100mm、量産車でDT132装着車は50mm）の厚鋼板として軸重バランスを取っている。

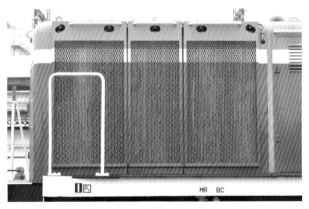

放熱器

ボンネットの先端には放熱器（ラジエータ）があり、外側には放熱器部側覆い（ラジエータカバー）が装着されている（三分割となったのは1210・1610号機以降）。放熱器は片側11本ずつあり、1エンド寄り8本は主回路用、運転室側3本は給気冷却回路用となる。

前部標識灯

前灯は150Wのシールドビームで、減光（下向き灯）時に使用する50Wの副フィラメントを内蔵する。前後に2灯ずつ装備する。

後部標識灯

後部標識灯は端梁に左右1灯ずつ装着する。外嵌式で、右側のボルトを緩めて開閉し、電球交換ができる。現在は長寿命のLED灯に交換されている。

ナンバープレート

前面のナンバーは切り抜き文字で、白地部分に銀色で塗装されている（新製時はクロームメッキ仕上げ）。上には手すりとヘッドマークステーが付く。なお、1662号機からブロックナンバープレートとなった。

水噴射口

放熱器素上部には冷却用の水噴射ノズルがあり、放熱器カバーには点検用の穴が設けられている。必要に応じて送水ポンプを操作し、水を噴射して冷却能力を高めることができる。

ボンネット

前端の放熱器カバーが目立つが、その後方にディーゼル機関、吸排気管装置、液体変速機などが収まる。台枠よりも1段高い部分には蓄電池が収まる。

2エンド側の前面。首都圏配置車ではATS-Pを2エンドボンネット内に設置するため、前面に点検扉が設けられたが、本機は原形の扉がない姿である。端梁は1エンドとは異なり10mm程度の薄いものになる。

ボンネット上部

右が1エンド側。写真はちょうどディーゼル機関の上にあたり、点検用の開口蓋が設けられている。留め具、取っ手、ヒンジなどが剥き出しの実用本位の形状。向かって右のボンネット上中心線部分にある配管はクランク室息抜き管。

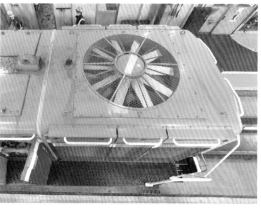

送風機

ボンネットの先端には放熱器素が側面に設置され、内部には逆U字風道があり、上部に送風機が設置されている。

2エンド側

2エンド側のボンネット上部。頻繁な検査が必要な装置が少なく、ボンネット自体が取り外せる構造のため、開口蓋が小さい。

1エンド側のボンネットは三分割され、ボンネット間はツナギゴムでつながれている。

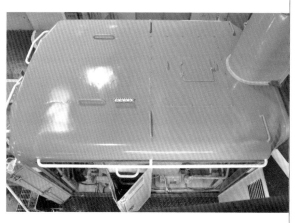

キャブ外観

セミセンターキャブ型のキャブは、入換作業時などに前面窓の視界を補うためと、タブレット授受のために側面窓が広い。この部分に3枚の横開き窓、ナンバープレートなどが付く。本機はタブレットキャッチャーが残されていて、DE10形のオリジナルの姿が保たれている。

DE10形は入換も用途の一つに開発されたため、運転台が横向きに設置され、乗務員室扉も横方向に、側窓も横方向に開閉する。身を乗り出した際の視界を確保するため、運転室は上すぼまりになっており、側窓も若干斜めに設置されている(139ページ図面参照)。

運転位置表示灯

運転士位置知らせ灯ともいう。どちら側の運転台を使用しているかを黄褐色に点灯することで表示する。特に入換では合図の見通しに関わる重要事項なので設置された。電気機関車の電気暖房表示灯とは意味が異なる。

通風口・区名札差し

キャブの前面には通風口があり、運転室から外側に開口できる。区名札差しの右は検査票差しで、無動力回送の際には機関車回送票が入れられる。

製造銘板

ナンバープレートの右下に製造銘板が付く。本機は1973(昭和48)年の川崎重工製。上には承継したJR東日本の所属銘板が付く。

ナンバープレート

側面のナンバーも切り抜き文字で、朱色部分に白色で塗装されている。上にはタブレットキャッチャーが付く

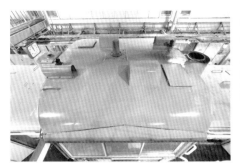

屋根上

右が1エンド側で、3-1側から俯瞰した様子。中央に列車無線アンテナがあり、対角線にある大きな突起は扇風機カバー。その外側は通風口。A寒地仕様なので笛にはカバーが付く。

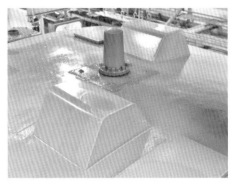

列車無線アンテナ・扇風機カバー

中央付近に追加設置された列車無線アンテナ。突起部分は、車内の天井に設置された23cm扇風機の取付部分。

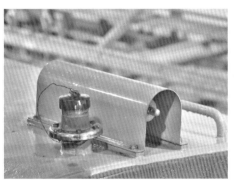

笛・信号炎管

A寒地仕様なので、笛には積雪と音の拡散防止用にカバーが備わる。カバーは前後方向に音を誘導する効果もあり、山岳地帯での雪崩を防ぐ意味もある。左は信号炎管で、バネによって飛び出す際に、蓋に当たって着火する。その際に蓋が紛失しないようにワイヤが付く。防護無線が完備された現在は使用停止となっている。

煙突（1エンド側）

キャブの前後に、対称になるように煙突覆いが設置されているが、DE10形は1台機関のため、機関排気用の煙突は1エンド側のみ。上部は煙突のみで、排気消音器はボンネット内に収める。

煙突（2エンド側）

機関のない2エンド側にも煙突覆いがあるが、これは2エンドボンネット内にSGまたは機関予熱器が設置されており、その排気管が設けられているためだ。SGは大型の角形排気管、機関予熱器は小径の丸型排気管となるが、覆いの形状は統一してある。

国鉄 DE10形 ディーゼル機関車

──── COLUMN ────

タブレットキャッチャー

　かつて、単線区間ではタブレット交換が行われていて、使用する車両の運転室側面には通過中でもタブレットの授与ができるタブレットキャッチャーこと「通票キャリア車上受」が備わっていた。現在、JR東日本管内でタブレットの使用は行われていないので、撤去された車両が多いが、1649号機には残存し、現在も展開可能な状態にある。

タブレットキャッチャーの左右にある保護ゴム板。グレーのゴムは劣化しているものの、原形を留めている。

タブレットキャッチャーを広げた状態。停車場の通票授器にセットされた通票キャリアを先端で引っ掛け、その際に落下させないように先端部分にロックがかかるようになっている。DE10形は上側に180度回転させることで前後どちらにも対応する（139ページ図面参照）。1649号機は返還する通票キャリアをぶら下げるフックはない。

運転室

DE10形はセミセンターキャブ型なので、車体中央部に両方向の運転台を備えている。入換を前提にしているため運転台は横向きで、2つの運転台がはす向かいに設置されている。

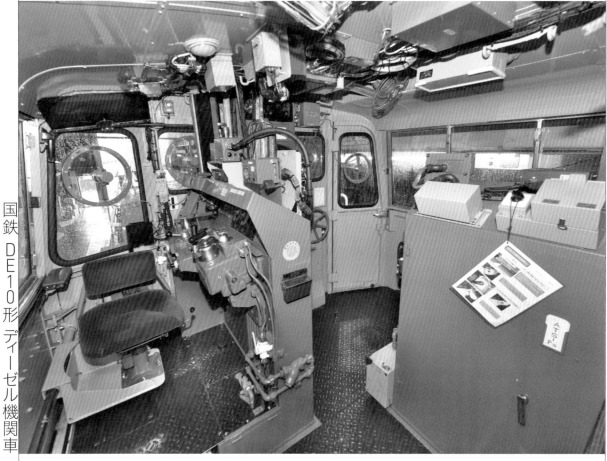

4位側の乗務員扉から見た運転室全景。奥に見えるのが第1運転台、右の壁面は第2運転台の背面。天井には追加設置された列車無線やATS関連の機器が並ぶ。

運転席は1段高いところに設けられ、運転台が屹立している（写真は第1運転台）。運転台前面の窓に後退角があるのは、夜間運転時に写り込みによる視界不良を防ぐため。

第1運転台の背面。背面には扉があり、内部には第1運転台は継電器が、第2運転台は受信機やベル、継電器などのATS関連の機器が収められている。

138

運転室機器配置図（0番代新製時）

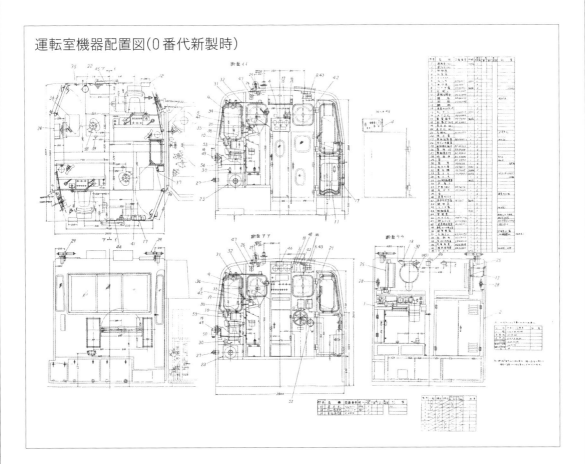

1エンド側の壁面を、乗務員扉側から見る。中央制御箱、手ブレーキハンドルが備わる。

制御箱の上部。上の計器は左から電圧計、電流計、回転計。その下のスイッチ類は、上段左から電圧計切換スイッチ、自車表示灯。中段左から標識灯2、標識灯1、他車停止押ボタン、自車停止押ボタン、始動選択スイッチ、予潤滑押ボタン、始動押ボタン。下段左から標識灯4、標識灯3、保温ポンプ、循環ポンプ、機関室灯、暖房器、暖房器2、デフロスタ、連結器加熱。

制御箱の中部。上段左から総括制御NFB、機関変速機制御NFB、逆転器制御NFB、補助機器制御NFB、ATS NFB、灯NFB、暖房・扇風機・旋回窓NFB。

2エンド側の壁面を、1位の乗務員扉側から見る。下側にはSG付きの場合は点検扉があるが、1649号機はSGなしで機関予熱器付きなので、左から予熱器、予熱器運転、予熱器保温、表示灯（循環、燃焼、点火、送ポンプ、循ポンプ）、圧力計。その上にはスピーカ、荷棚が備わる。点検扉の関係で運転室床面が一段低い。

国鉄 DE10形 ディーゼル機関車

139

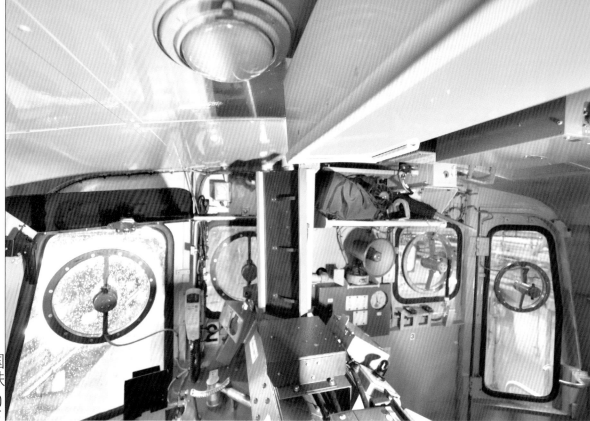

高所から2エンド側の壁面、天井を見た様子。
天井の円形は運転室の室内灯。煙突の後方
にあたる部分には計器箱やスピーカ、荷棚が
備わる。

第2運転台の上にある列車無線装置（左）と
電源装置（右）。機関車の運転台は元々狭く、
さまざまな機器が追加されているので、天井
も有効活用されている。

第1運転台から見た天井。室内灯のまわりには保安装置の機器や配線が所狭し
と張り巡らされている。右側には運転席に向けて扇風機が付く。

天井には第1・第2各運転台に1基ずつ、扇
風機が設置されていて、この取付部が屋根に
突き出している。DE10形の扇風機は1188号
機・1569号機から設置された。

乗務員扉付近の天井に設けられている風戸。
ハンドルを上に押し上げると、ヒンジが伸びて開口できる。

運転席の腰掛は横棒に固定され、横棒上を左右にスライド可能。座席は1124号機・1541号機から採用された労研形腰掛で、上下、前後にそれぞれ15mm刻みで30mm移動可能。1610号機以降は足部の傷害防止のため、腰掛受けの補強を腰掛中心線付近まで短くされた。

横向き運転台の入換機らしく、運転席の腰掛は左の写真のように左右に大きく回転する。ただし、EBリセットスイッチ破損防止のため回転には制限がある。

横開きの大きな側窓もDE10形の特徴。三分割式になっていて、運転時の確認や機関助士による通票授受などを容易にするため、三段階で開閉可能。上から閉、1枚開口、2枚開口（全開）と、3位置で固定できる。

運転席から手が届く位置の天井には車両用信号炎管が設置されている。防護無線の発達で、JR東日本では現在使用していない。奥の赤いコックはB3A吐出弁（車掌弁）で、後補機などで運転中に非常ブレーキを取り扱う際に使用する。

国鉄 DE10形 ディーゼル機関車

第1運転台

電気機関車であれば1エンド側の運転台にあたるのが第1運転台である。メインの機器がこちらになるが、電気機関車の1エンド側ほど、装備の差がない。

2-4側にある第1運転台を見た様子。左のハンドルは主幹制御器、手前は逆転ハンドル。右のハンドルはブレーキ弁で、手前が自弁ハンドル、奥が単弁ハンドル。手前の棒状のハンドルはEBリセットスイッチ。1649号機は新製時からEB装置を装備している。中央の2個の圧力計の右側には同じデザインの時計が設置されていたが、現在は撤去されて塞ぎ板で塞がれている。

計器類の上には、時刻表差し、後付けされたATS-PS表示器、防護無線装置などが並ぶ。

運転席の位置で立って、やや左向きに見た様子。前面窓には旋回窓があり、窓間の柱に列車無線装置が付く。

正面には計器類が並ぶ。左から速度計（数字は90km/hまで）、表示灯（上段左からATS、過速1速・2速・3速、過速、←、→、空転滑走。下段左から耐雪ブレーキ、込、停止、アイドル、水温、油温、早込）、圧力計（赤針：元空気ダメ、緑針：ツリアイ空気ダメ）、圧力計（赤針：ブレーキシリンダ、緑針：ブレーキ管）。計器指針には蛍光塗料が塗られ、夜間でも眩しくないようにブラックライトにより指針が浮かび上がるように見える。

左は主幹制御器の主ハンドルで、ノッチは14まで刻まれている。手前は逆転ハンドル。左が1エンド側に進む「1進」、右が2エンド側に進む「2進」、中央は「力行切」。奥のスイッチは左が旋回窓、右が扇風機のON／OFFスイッチ。

中央部に並ぶ各種スイッチ。奥左から機関停止、TE押ボタンスイッチ、ATS復帰押ボタン。中列左から圧縮機早込押ボタン、ATS確認用ボタン、逆転器再投入押ボタン。手前左から前灯スイッチ、前灯切換スイッチ、前灯減光スイッチ、計器灯スイッチ、室内灯スイッチ。

運転台の足下。手前の淡緑色のペダルは笛弁、奥の黒色のペダルは砂撒きスイッチ。赤く囲んだ部分は、単弁が故障した際に単弁の機能を停止させる単弁締切ハンドル。写真は定位で、手前に引き起こすと締め切る。この際ブレーキは自弁を使う。

運転台下部を外側から見た様子。ブレーキ弁の下には空気管があり、BP／CP圧力計切換コックが付く。国鉄時代を知る人には懐かしいJNRマーク付きの灰皿が備わる。

国鉄 DE10形 ディーゼル機関車

運転台機器配置図（0番代）

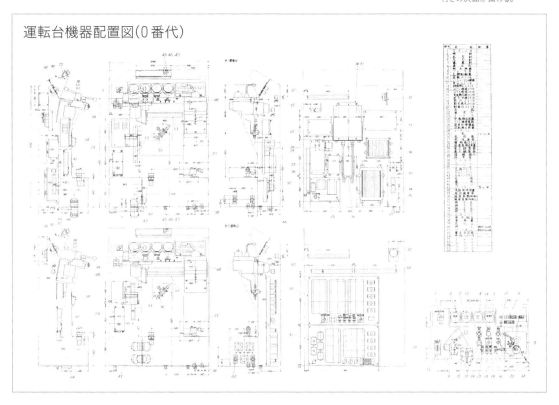

ブレーキ弁には自弁ハンドル(手前)と単弁ハンドル(奥)で2本のハンドルが付く。

自弁ハンドルは、使用しないときは上に上げられる。頭頂部にあるのは客貨切換用ツマミ。

単弁ハンドル指示銘板。左から直通予備、固定、全ブレーキ〜ブレーキ帯〜運転〜ユルメ帯〜ユルメ。

···· COLUMN ····

制御電源と制動を選択するキースイッチ

　DE10形のブレーキハンドルは取り外し式ではなく、電気機関車のような大型のマスコンキーもなく、シリンダ錠の鍵のようなキーがあるだけだ。このキーによって鎖錠装置(キースイッチ)の切り換えを行い、機関車の状態を変更できる。従来の機関車にあった重連コックなどの作用も、このキースイッチの操作で可能なため、DE10形を運転する場合、機関士はこのキーだけを持っていけばよい。

　キースイッチには5つの位置があり、中央が「固定」位置。「固定」から時計回りに「後補機」、反時計回りに「漏試験」「電気切」「運転」となる。後補機と運転位置でのみ制御回路が生き、固定位置でのみキーの抜き取りが可能。

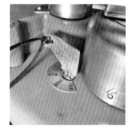

キースイッチを差し込んだ状態。これを回して鍵位置を選択する。

キースイッチの位置と作用

	かぎ位置	後押補	固定	漏試験	電気切	運転
制御電源		入		切		入
ブレーキ弁ハンドル	単弁	固定			自由	
	自弁					
ブレーキ管締切弁作用弁			閉		開	
キー抜き取り		不可	可		不可	
重連締切弁			閉		開	

キースイッチと差し込み口。位置が分かりやすいようにキーのつまみの部分は特殊な形状だ。

第2運転台

1-3側にある第2運転台は、基本的には第1運転台とほぼ同じ構成であるが、運転台の上に追設された装置は第1運転台よりも少なく、運転台越しの見通しはよい。

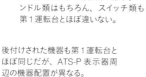

3-1側にある第2運転台の様子。ハンドル類はもちろん、スイッチ類も第1運転台とほぼ違いない。

後付けされた機器も第1運転台とほぼ同じだが、ATS-P 表示器周辺の機器配置が異なる。

第2運転台のマスコンハンドルと逆転ハンドル周辺。改修工事があったのかスイッチまわりのパネル形状が第1運転台と異なる。マスコンハンドル左側の赤色ツマミのスイッチはATS・EB 元スイッチ。妻面には第2運転台を示す「2」の標記がある。

第2運転台の表示灯。上段左から ATS、過速・1速・2速・3速、加速、←、→、空転滑走。下段左から耐雪ブレーキ、込、停止、アイドル、水温、油温、早込で、第1運転台と同じ。

計器類の右に並ぶスイッチ類。左から送水ポンプ、予熱器循環、本線入換切換スイッチ(高低速段)、変速機手動切換スイッチ(1速／2速／3速)。

中央部に並ぶ各種スイッチ。奥左から機関停止、TE 押ボタンスイッチ、ATS 復帰押ボタン、中列左から圧縮機早込スイッチ、ATS 確認用ボタン、逆転器再投入押ボタン、手前左から前灯スイッチ、前灯切換スイッチ、前灯減光スイッチ、計器灯スイッチ、室内灯スイッチ。

ブレーキ弁と自弁ハンドル(手前)、単弁ハンドル(奥)。双方とも固定位置になっている。

機器室

DE10形の機器類は、ボンネット内に収められている。
今回、特別にすべての点検扉を開いて見せていただいた。

送風機（黄線は視認用）

クランク室息抜き管

架線注意標識

冷却水調圧弁

クレーン吊上用フック

国鉄 DE10形 ディーゼル機関車

ディーゼル機関（B列）、
ツナギ箱（下手前）

ディーゼル機関（B列）

ディーゼル機関（B列）、空気冷
却器（インタークーラー、銀色
の四角部分）、補助燃料タンク
（淡緑色の筒）

排気消音器（上）、点検灯

排気消音器（上）、
液体変速機（下）

2位 / 1エンド

2 - 4 側

3 - 1 側

3位 / 2エンド

空気ダメ（3個の縦型のうち
手前2個が元空気ダメ、
下部は吐出弁用空気ダメ）

散水タンク

吸気タワミ管
（手前）、
過給器（右上）、
排気管（奥）、
消音器（左奥）

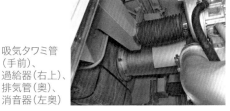

送水ポンプ

排気消音器（上）、液体変速機（下奥）、
電磁弁（液体変速機上）

全体機器配置図（DE10形式、SGなし）

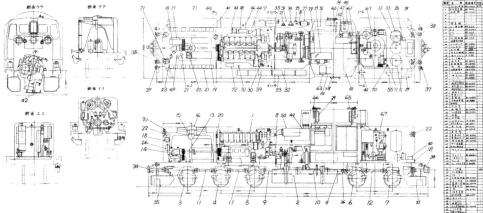

始動接触器(左)、
開放スイッチ
(右、オフの状態)

運転室下死重（コンクリートブロック）
(SG付き車の場合、運転室下には水タンクがある)

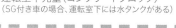

2 - 4 側

機関予熱器

2エンド散水タンク（1,000L）

空気ダメ（3個の縦型
のうち手前1個は供給
空気ダメ〈SR〉）

ジャンパ連結器掛け
（2エンドボン
ネット前面
裏側）

4位
2エンド

3 - 1 側

1位
1エンド

ディーゼル機関(A列)、
空気冷却器（インタークーラー、
銀色の四角部分）

ディーゼル機関(A列)、
油圧継電器、圧力計

排気タワミ管（上中央）、
吸気タワミ管（排気タワミ管両側）、
ディーゼル機関（右奥）、
燃料噴射ポンプ2個（排気タワミ管下）、
第1推進軸（燃料噴射ポンプ下）、
液体変速機（左手前）、冷却水ポンプ（右）

ディーゼル機関(A列)、第1
潤滑油コシ器（3個一体の
円形状の蓋）、散水補水コック
（赤色のレバー）

送風機冷却装置（前面の点
検扉を開けた状態。アーチ状
のものが風道で、左右に放熱
器素がある）

空気圧縮機（左）、油量調整弁（右）、
油圧ポンプ（中央の円筒形状）、油
圧モーター（上、送風機用）

床下・台車

DE10形の最大の特徴は、3軸台車と2軸台車からなる5軸の軸配置で、絶妙な軸重と牽引力を実現したところである。台車の詳細は第1章にて解説しているが、それ以外を含む連結器まわりや床下を紹介していく。

1153号機・1550号機以降が採用するDT141台車。3軸台車だが、小さな曲線でも走行できるようにA・A・Aの独立した軸配置になっている。

2軸台車は、試作車のDT131Cに対して、量産車はDT131Eを履く。一般的な2軸台車とは異なり、軌道への追従性を良くし、偏荷重になることを防ぐ特殊構造の台車である。車軸軸受は内側式コロ軸受、車輪は一体圧延車輪を採用する。

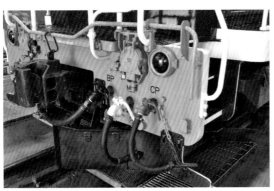

1エンド側の端梁。電気機関車のようなスカートはないが、台枠端部が露出した頑丈な構造で調整用死重を兼ね、後部標識灯などが備わる。

車端に設けられたKE70HBジャンパ連結器栓受け。左は1・3側、右は2・4側。どちらも連結器側にジャンパ栓連動スイッチがあり、栓受蓋の開閉によって動作する。蓋を開けるとピンが並んでいる。

従来の中央寄り手スリは端梁から出っ張っていて、客車の幌と緩衝して連結作業が不便だった。1006・1501号機以降は出っ張りの少ない形状に変更したため、開放テコは手スリの間を通る複雑な構造となった。

ホース連結器用アングルはコックが色分けされている。緑：CP（制御管）、白：MR（元空気ダメ引通管）、赤：BP（ブレーキ管）。緑色のCPはDE10系などセルフラップブレーキを使用する機関車での独特なもの。

1エンド側の2位と2エンド側の3位の手すりには、ジャンパ連結器栓納めを備える。ジャンパ連結器栓を取り外さないで運転するときは、片側をこれに納めることで制御回路が構成されて、運転可能となる。

運転室から3軸台車の第2・3軸につながる
ブレーキシリンダ締切コック。BC の文字の下
の数字は動軸を表している。

2-4側の燃料タンク。鉄道模型ではこの部分
にモーターがあるため一体として表現されるが、
実際は中間に走り装置があるため、左右それ
ぞれで分かれている。

燃料タンクの給油口。奥の配管とコックは、
2軸台車側のブレーキシリンダ締切コック。

三室空気ダメ。内部はツリ合イ空気ダメ(ER)、
定圧空気溜(CR)、急動空気溜(QC)の3室
に分かれている。

3-1側の燃料タンク。両方のタンクは連通管
(パイプ)でつながっていることが分かる。

3-1側は車体中央付近に乗務員扉
があるため、タンクの中ほどにステッ
プが付く。

1649号機は A 寒地仕様のため、
スノープロウを装備する。前面は
端梁に固定されている。

デッキへのステップの1段目はスノープロウ
と一体になっている(スノープロウなし
の1段目は、ステップと端梁に取り付け
られる)。

一見するとステップが端梁に固定されているよ
うだが、実際は一体のスノープロウを固定し
ている。車輪径によってスノープロウの高さ調
整が必要なため、取付穴は縦長になっている。

スノープロウにある雪逃がし口を開けた
様子。排雪運転を行った際に、機関車
の下部に溜まった雪を排出できるように、
裏側からのみ開く開閉式になっている。

旋回窓

最後に、A寒地仕様の特徴ともいえる旋回窓を見ていこう。降雪時に円形ガラスを電動機で高速回転させて、雪の付着を防ぐ。近年は装着車が除雪車くらいしかなく、営業車両では見られない装置になりそうだ。

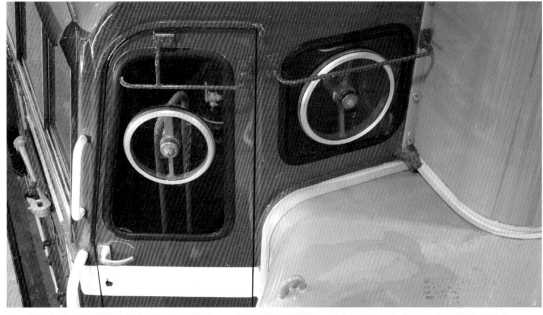

1エンド側1位の旋回窓を俯瞰した様子。固定窓は直径326mm、乗務員扉窓は直径276mmの旋回窓が収まる。窓の上にはツララ切りが備わる。

2位の旋回窓を、第1運転台から見た様子。使われている旋回窓は基本的に船舶用と同じものだが、電動機を取り付けるステーが船舶用では水平になるように取り付けられる。通常時はだいぶ視界を遮っているが、豪雪時にはこの部分だけが頼りになる。

3位の乗務員扉窓に付く旋回窓をアップで見た様子。

上の窓を内側から見た様子。旋回窓の中央にモーターがあり、運転台のスイッチを入れると回転する。

旋回窓のモーター部分。電源が直流24Vなので、直流電動機が使われている。

旋回窓の銘板。別のプレートで回転方向も示されている。

DE10形1649号機の勇姿

地味な運用が多いDE10形の中にあって、1649号機はブルートレインの迂回やイベント列車などの牽引に抜擢されることが多い。塗色変更もされておらず、一見ただのDE10形だが、実は数少ないスターロコなのだ。

1201号機と共に重連で旧型客車の「あぶくま紅葉号」を牽引する1649号機。2002年11月3日　写真／植村直人

朝もやの中、重連で陸羽東線経由の「あけぼの」を牽引する1649号機。2両のDE10形と電源車が響かせるディーゼルサウンドは、どんな音だったのだろうか……。長沢～南新庄間　写真／植村直人

冬季の役目には、除雪作業にあたる DD14 形の本務機（後ろから押す）もあった。陸羽西線での特雪最後の運転では DE10 形 1649 号機が務め、2 エンドに「さよなら DD14」のステッカーが貼付された。高屋（左）、高屋〜清川間（右）　2009 年 2 月 19 日　写真／高橋政士

東日本大震災で被災した子どもたちの応援に四国からやってきたキハ 185 形＋キクハ 32 形の「アンパンマントロッコ」もエスコート。
喜久田〜安子ケ島間　2012 年 5 月 27 日　写真／高橋政士

国鉄 DE10 形 ディーゼル機関車

首都圏で活躍するDE10形 最後の楽園

文 ● 高橋政士

緑のじゅうたんとなった水田の中を行くDE10形1760号機とホキ800形の編成。水郡線は山間部の橋梁、平野部の農村と変化に富んだ車窓風景を楽しめる路線である。1760号機は力行中に黒煙を上げるので、遠目にもよく分かる存在だった。東館〜南石井間　2022年8月3日　写真／国分勝之

　JR東日本の機関車は、蒸気機関車を除いて2024（令和6）年度中の全廃がアナウンスされ、同年度初頭から砕石散布用のホキ800形の置き換え用としてGV-E197系が本格稼働している。首都圏の砕石発送は、近年では吾妻線の小野上駅と水郡線の西金駅に集約されていたが、小野上駅のホキ800形は2021（令和3）年10月に廃車され、西金駅も翌22年11月29日の発送をもってホキ800形による砕石輸送を終了した。

　しかし、西金駅のホキ800形は水戸駅構内で留置が続き、郡山総合車両センターでの交番検査のため、水戸〜郡山間の全線にわたっ てDE10形が牽引する配給列車が運転されていた。月1回程度の頻度ではあったが、DE10形が本線で列車を定期的に牽引するのは、首都圏では水郡線が最後となった。

　その水郡線でのDE10形による配給列車の牽引も2023（令和5）年9月27日をもって終了し、DE10形の水戸運輸区常駐も翌24年2月11日をもって終了した。DE10形の水郡線での活躍を記録する。

夏も終わりに近づき、田んぼも色づき始めた頃、険しい表情を見せる奥久慈の山々を背に、緑の中を走るDE10形1604号機。1604号機はホキ800形による西金発最後の工事臨時列車を牽引したDE10形となった。玉川村〜野上原間　2022年8月22日　写真／国分勝之

ホキ800形による砕石輸送が活発だった頃の西金駅。西金駅構内は最小限の配線しか
ないので、牽引してきたホキ800形を本線に残したまま、1697号機は積込線で入換中。
撮影された2018年頃は、24両ものホキ800形が勝田車両センターに配置されていた。
西金　2018年5月10日　写真／川崎淳平

水郡線は常陸大子を境に、南部は水戸運輸区に常駐する高崎車両センター配置のB寒
地向けのDE10形が、北部は郡山総合車両センター配置のA寒地向けが運用されており、
双方が走る珍しい線区だ。この日はマヤ50形牽引のためにB寒地向けの1604号機と、A
寒地向けの1649号機が並んだ。1604号機の前面窓に残るツララ切りは、鷲別機関区に
新製配置されたA寒地向けの名残。常陸大子　2018年3月10日　写真／水野真和

第 5 章

DE11・15形と
民鉄の同型式

DE10形の派生形式として、
重貨物入換用のDE11形と、
ラッセル除雪車のDE15形が
ある。第1・2章でも軽く触れ
ているが、本章で技術的な
特筆事項を解説する。また、
臨海鉄道や貨物鉄道など一
部の民鉄が自社発注で導入
したDE10・11形の同型車に
ついて、鉄道事業者ごとに解
説する。

DE10形の派生形式

文● 高橋政士

DE10形には、派生形式として重入換用に特化した性能のDE11形と、ラッセルヘッドを付けて除雪運用に使用できるDE15形がある。番代や製造年次については第2章で解説したが、個々の特徴について本稿で紹介する。

DE11形ディーゼル機関車

国鉄 DE10形 ディーゼル機関車

DE10形をベースに、大規模な貨物駅での重入換用に特化したのがDE11形液体式ディーゼル機関車である。DE10形の装備のうち、重連総括制御やSGなど入換に不要なものは省略され、死重を増やして軸重を増し、引張力を高めた。

概　要

DE10形は支線区での運転、操車場における入換運用のどちらでも使用できるように設計されており、支線区での運用を考慮して軸重を13tに抑えている。しかし、大規模な操車場での重入換では軸重13tの制限は必要なく、代わりに軸重を増して粘着引張力の増大が望まれる。事実、DE10形ではD51形蒸気機関車など大型蒸機が行っている運用をすべて置き換えることは不可能であった。また、重連総括制御と列車暖房用の

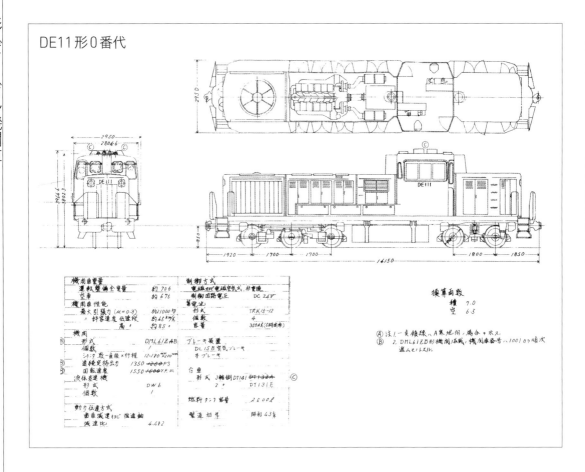

DE11形0番代

蒸気発生装置（SG）なども必要ないので、SGを非搭載として、さらに死重を搭載し、運転整備重量を70t、軸重を14tとしたのがDE11形である。

当初、重入換用試作車としてDE10形901号機が1967（昭和42）年に試作された。DE10形を名乗っているが、実質これがDE11形の試作車である。SGを搭載しないDE10形500・1500番代を非重連型にし、軸重を14tとしたもので、基本的構造はDE10形と同様である。DE10形901号機はSGを搭載しないため、2エンドボンネットの幅が狭い独特の形状をしていたが、DE11形の量産にあたっては、製作行程の簡略化のため、DE10形と同じ形状になった。

軸重を増大させたことから低速時の引張力はDE10形を上回り、20～40km/hの領域ではC58形、9600形とほぼ同等かやや上回り、全速度域にわたってDD13形を大きく上回っている。

DE10形と同じく機関の違いにより0番代と1000番代が存在する。3軸台車は1028～1046号機がDT141に変更された。

制御回路

DE10形に対して重連総括制御がないため簡略化されている。運転室の中央制御箱にある表示灯は運転台

DE11形12号機 DML61ZA機関搭載の初期型の12号機。重連総括制御がないため、DE10形と比べ端梁がすっきりしている。扇町　1986年7月20日
写真／名取信一

国鉄 DE10形 ディーゼル機関車

DE11形の機器配置

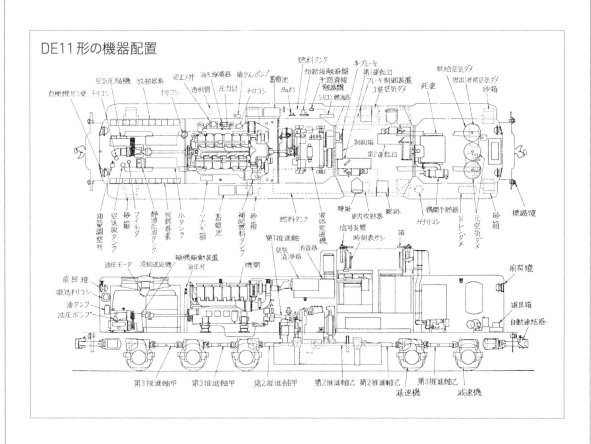

DE11形の運転台機器配置

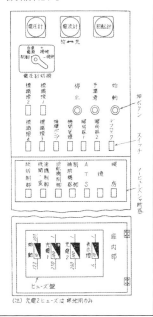

総括制御時に必要な空気管連結器なども最初から取り付けられていない。

運転整備重量がDE10形の65tに対し70tとなり、ブレーキ力の増大が必要となったため、HA制御弁のテコ比を変えて、常用ブレーキ最大と、非常ブレーキ時のブレーキシリンダ（BC）圧力をDE10形の570kPaから600kPaに変更している。制御弁のテコ比が異なるため、整備時に間違って取り付けることのないように、制御弁体に白丸印を付けて区別している。

に移設。他車機関停止ボタンや、機関始動選択スイッチなども撤去されているため、中央制御箱は様子が変化した。

また、端梁に設けられた重連総括制御用のジャンパ連結器、元空気ダメ引通管（MRP）、制御管（CP）、SGホース掛けなどは取り付けられておらず、外観もすっきりしている。

車体艤装

基本構造はDE10形と同様にして製作の合理化を図っているが、1〜3号機は枕梁を鋳鋼製として台枠と溶接して重量増を図った。また4号機以降では枕梁内に鉛を詰めるなどして重量を増した。

冷却水配管

DE11形は操車場での入換運用に特化しているので、SG水タンク、放熱器散水用の補助タンクも設けていない。代わりにその分の死重を搭載している。

空気ブレーキ装置

非重連型となったのでDE10形の空気ブレーキ装置から該当する部分を除外した構造となっている。重連

DE11形の中央制御箱機器配列

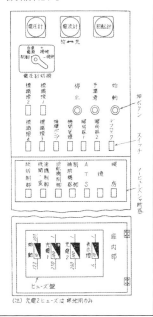

武蔵野操車場用

DE11形

武蔵野操車場は1974（昭和49）年に武蔵野線吉川〜三郷間に開業した操車場で、貨車の仕訳や組成などにコンピュータを使用して自動化を推し進めた、当時最新型の操車場である。

この操車場で試験が行われたのは機関車の無線操縦装置で、Shunting Locomotive wireless remote Control systemから、頭文字3文字を取ったSLCと呼ばれるシステムである。基地局のコンピュータによって計算された指令を受信し、入換用機

DE11形50号機

試作車の2エンド側ボンネットはDE10形よりも幅が狭かったが、量産車では同じ形状とし、内部にはコンクリートの死重が搭載されている。吉原　1984年3月25日　写真／児島眞雄

SLCを搭載したDE11形1031号機。2エンドボンネット上の中央は機関予熱器の排気口。2エンド煙突上には無線操縦装置の受信アンテナが設置されている。武蔵野操車場　1893年11月
写真／高橋政士

関車を最適なハンプ押し上げ速度である1～5km/hで自動運転するというものである。

　このSLC装置を使用して効率良くハンプから散転作業を行うには3両の入換機関車が必要とされ、予備車を含め対象となったのはDE11形の1030・1031・1035・1046号機の4両である。この4両は無線操縦装置を搭載し、精密なブレーキ制御ができるようにブレーキ装置を改良。1km/hなどの低速運転時の追従性を良好なものとするため、速度発電機も1回転で60パルスを発生するものが使用されている。このように低速での一定速度走行を行うことから軸重を15tとしており、運転整備重量は75tとなって、まさに重入換機である。

　無線操縦装置は2エンドボンネット内に納められている。本来であれば2エンドボンネット内には機関予熱器が設置されているが、無線操縦装置の過熱を防ぐため、床上からボンネット直下に移設されており、無線操縦装置はその下に設置されている。このため機関予熱器の排気は通常の煙突からではなく、ボンネット上面から直接出ている。代わりに無線操縦装置の受信アンテナが2エンド煙突上に設置されている。

　1031・1035・1046号機はJR東日本に承継され、比較的近年までその姿を見ることができた。

防音入換機
DE11形2000番代

　都市部の操車場での騒音対策としてボンネットを密閉し、ボンネット内に吸音材などを増設した防音型試作車として、1900番代の1901号機が1975（昭和50）年に試作された。その結果を踏まえ、さらに厳重な防音対策を施したものが2000番代だ。

　外観はセミセンターキャブであるものの、足回りから発生するブレーキ音などの発散を防ぐためスカートが取り付けられイメージが大きく変わっている。また、冷却装置の騒音を低減するため、冷却ファンはプロペラ型ではなくシロッコ型ファンを使用し、さらに回転速度を低下させており、その分ラジエータが増設されている。冷却装置が大型化したことと、機関部分のボンネットの密閉性を向上させるため、冷却装置は2エンド寄りボンネットに集中して設置することになった。

　このため全長はDE10・11形の14,150mmに対して16,650mmと、2,500mmも長くなっている。冷却装置の配置からDE50形のような外観となっているが、DE50形の全長15,950mmと比べても700mmも長い堂々としたスタイルとなった。

DE11形2002号機

堂々とした車体長のDE11形2000番代。冷却装置は2エンド寄りに搭載。下まわりはスカートですっぽりと覆われ、運転室の屋根上には冷房装置を搭載する。相模貨物　写真／長谷川智紀

DE15形ディーゼル機関車

DE10形をベースに除雪用としたのがDE15形液体式ディーゼル機関車である。ラッセル装置を前頭車方式とすることで脱着を用意にし、冬季は除雪車、夏季はDE10形と同様の運用が可能な、万能機関車となった。

概　要

除雪用ディーゼル機関車ではラッセル式のDD15形があったが、DD13形が母体であるため機関車単体で軸重が14tあり、ラッセル装置は車体に取り付ける形状のため脱着には丸一日必要で大変手間が掛かり、装着すると運転整備重量が約62t、軸重が15.5tとなって支線区への入線には制限が生じていた。

そこでDD20形を母体として、ラッセル装置を固定式とした軸重14tのDD21形が試作されたが、入換運用時に使いづらく試作だけに終わった。そして新規開発されたDE10形を母体に、ラッセル装置を持った前頭車を連結する形にした新しい除雪機関車を開発することになり、誕生したのがDE15形である。

ラッセル装置を備えた前頭車は1組の台車を持ったもので、これを特殊な密着連結器で機関車本体と連結するようにしたものである。このため前頭車の脱着は容易で、機関車軸重は13tで変化はなく、DE10形が入線できる線区であれば問題なく入線可能となっている。

除雪運転に際してはDE10形に元から備わっている重連総括制御を利用し、前頭車の運転台で可能となっており、視界も確保されるなどの利点がある。また、機関車単独ではDE10形とまったく同じに使用でき、DE10・15形同士に加えて、DD51・53・20形とも重連総括制御が可能である。

転向可能だった
初期の前頭車

当初製造されたグループは前頭車が1両で、往復の除雪作業を行う際に、前頭車を一旦切り離してその場で転向させるという、ユニークな機構が設けられた。

DE15形1516号機　DML61ZB機関を搭載し、SG非搭載の1500番代。すでにラッセルヘッドを他車へ譲ったあとで、端梁のラッセルヘッド用連結器は撤去されている。ナンバープレート部分に連結リンク装置があり、写真の車両はカバーにナンバーが白ペンキで書かれている。秋田　1999年6月　写真／高橋政士

DE15形1号機の複線型ラッセルヘッド。当初は片頭式だったが、後年には写真のように両側が用意された。五稜郭　写真／児島眞雄

　この前頭車の転向は、台車中心から前頭方向には半径4,350mm、後ろ側には半径3,700mmのスペースが必要であることから、指定された場所で行うこととなっている。本体機関車で指定場所まで移動して切り離し、本体機関車は側線を使って前頭車反対側に誘導する。

　前頭車では回転半径内に障害物がないことを確認し、操作台上の旋回用キースイッチを右、または左の指定された方向へと操作する。回転速度は前頭部先端が約3km/hで回転し、180度回転まで要する時間は約60秒である。

　台車と車体の中心線には白ペイントの線があり、これを外部から確認して操作掛に合図を送って旋回用キースイッチを中立（切）位置にする。中心が合っているのを確認し、問題なければ本体機関車を連結する、という手順となっている。

　このように初期型は最小限の前頭車で往復の除雪作業が可能なように工夫されていたが、積雪時に転向用のスペースを作るには人力での除雪作業が必要なこと、気動車が主体の盲腸線などでは終端駅で機回しができないことがあり、運用上不便であることから前頭車を前後に付けた両頭式が製造されることになった。

　従来の片頭式は他の片頭式から前

前頭車の運転台機器配置

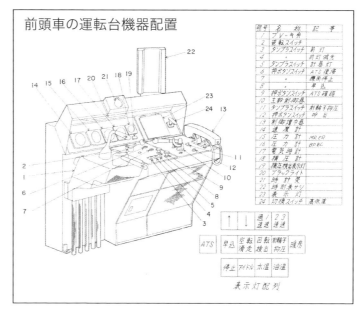

前頭車前翼操作台

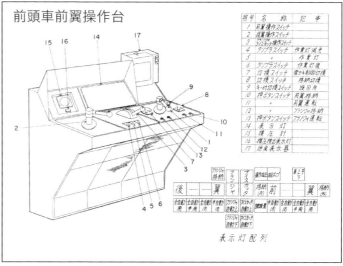

頭車を譲り受けるか、新たに前頭車を新製することで両頭式となったものもある。さらに当初は複線型として製造されていたが、単線型も製造された。片頭式は1000番代、両頭式は2000番代となっており、その経緯は複雑である。これらに関しては多くの趣味誌で発表されているので、本書では88ページの一覧表以外の詳細な解説は割愛したい。

なお、前頭車を含む全長は、片頭式では3号機以降が22,505mm、単線型両頭式では27,760mmと、前頭車は別体であるものの巨大な機関車となる。

前頭車の中央が尖り、左右に排雪可能な単線型ラッセルヘッドを前後に連結したDE15形2523号機。長町　1985年11月5日　写真／新井 泰

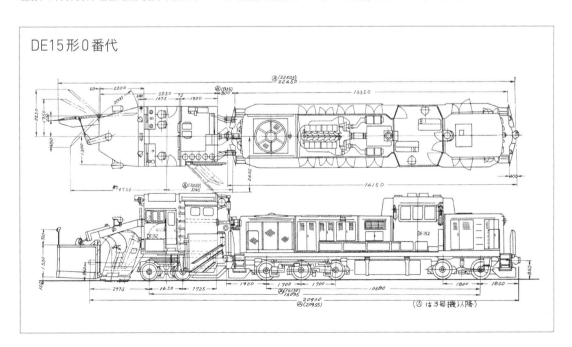

DE15形0番代

国鉄 DE10形 ディーゼル機関車

民有鉄道のDE10系列

文●高橋政士

国鉄・JR各社以外でもDE10系列を導入している民有鉄道がわずかながら存在する。本項ではそのような民有鉄道（臨海鉄道）から、独自に新製導入したDE10系を取り上げてみよう。

民鉄の独自仕様車

　民鉄でDE10系列の導入例が少ないのは鉄道貨物輸送が衰退期のまっただ中で、民鉄としては65tもの大型機を導入する必要がなかったこと、構造が複雑なDE10系よりも、運転整備重量が軽く、構造も比較的簡単で整備性が良いDD13形クラスの機関車が元々採用されていたことが要因だろう。

　特にDML61Z系機関は重量も重く、DW6液体変速機は重量が重い上に構造が複雑である。さらに凝ったつくりの台車の整備は、国鉄やJRなどの工場設備が充実していないと難しかったようだ。実際にDE10系を保有している民有鉄道では、全検などの整備をJRに委託していたところも多い。ある民間企業でDT132A台車を分解したところ、「これ組み立てられるかな？」と、冗談とも本音とも取れるような会話があったという逸話もある。

　現在ではDE10系を導入する民有鉄道も増えてきたが、その多くは国鉄・JRからの譲渡車が中心となっている。DE10系を自車発注した鉄道は臨海鉄道が多く、それらは国鉄線への乗り入れがあったことから、共通となるDE10系を導入したと思われる。

水島臨海鉄道DE70形

　1971（昭和46）年に新製したもの。

水島臨海鉄道が1両のみ新造したDE70形は、DE11形がベース。運転室の中央にはタブレットキャッチャーの代わりに社紋が付く。水島〜東水島間　2017年7月25日　写真／高橋政士

入線したのは翌72年の3月となっている。特筆すべきはDE70形は70t機であり、DE11形の自車発注機としては唯一のものである。岡山操車場（岡山貨物ターミナル）への乗り入れ運用があったためにDE10系を採用したようだ。

　機関はDML61ZAで、台車はDT132A／DT131Eとなっている。同年に新製されたDE11形はすでに1000番代へ移行しているが、DML61ZA機関を搭載して新製されている。外観はナンバープレートや社紋板などに違いはあるものの、ほぼ国鉄標準タイプである。後にDML61ZB機関に換装された。

　国鉄分割民営化後も岡山貨物ター

ミナルまでの乗り入れ運用を行っていた。近年では夜の岡山貨物ターミナル行きを牽引し、翌朝に東水島行きを牽引するという、夜間に自社線内に戻って来ない珍しい運用をこなしていた。

　2021（令和3）年7月のDD200形601号機の導入後、しばらくは交互に運用をこなしていたが、2023（令和5）年1月をもって運用を離脱した。

衣浦臨海鉄道KE65形

　臨海鉄道のDE10系としては最大の4両の自車発注機を擁したのが衣浦臨海鉄道である。13社存在した臨海鉄道の中で最も遅く1971（昭和

自社発注車のKE65形3号機を先頭に、重連でラウンド輸送用の専用貨車を牽引する。東浦〜碧南市間　2019年9月15日　写真／雨宮奈津美

46）年4月8日に設立されており、接続する国鉄武豊線に直通することからDE10系が導入された。

　1975（昭和50）年の半田線開通当時に1〜3号機の3両、碧南線の開通に伴って1977（昭和52）年に忌み番の4を避けて5号機が新製された。当時すでにDE10形ではDT141台車で新製が続いていたため、DE10形1550号機以降のものと同じ仕様で新製されている。

　その後、輸送が低迷していたことから、1984（昭和59）年に第三セクターとして開業する樽見鉄道に2・5号機が売却された。しかし、皮肉なもので、碧南線で新たに炭酸カルシウムとフライアッシュのラウンド輸送が開始されることになり国鉄清算事業団からDE10形500番代を2両購入。2代目の2・5号機としている。こちらは500番代であるため、機関はDML61ZA、3軸台車はDT132Aとなっている。その後2号機がDML61ZBに換装されている。

　2024（令和6）年4月現在、2号機は長期休車状態だが、2両の自車発注機と5号機は運用に就いている。炭酸カルシウム列車は重連で運転されることが多いが、入換運用の都合上、重連総括制御は使用していない。

DE10形1500番代をベースにした衣浦臨海鉄道のKE65形。端梁からもDE10形がベースなのが伺える。東浦〜碧南市間　2017年7月30日　写真／高橋政士

樽見鉄道TDE10形

1984(昭和59)年2月1日に設立された樽見鉄道は貨物輸送を行っていたため、国鉄樽見線時代から運用されていたDE10系を1両新製することになった。形式はDE10形に樽見鉄道の頭文字を付けたTDE10形である。

国鉄のDE10系は1981(昭和56)年にDE15形2527号機を最後に新製が終了していたので、1989(平成元)年のTDE10形1号機は最後のDE10系の新製車となった。TDE10形2・3号機は、衣浦臨海鉄道のKE65形2・5号機を譲受したものである。1984(昭和59)年当時は国鉄の貨物が衰退傾向で、DE10形にも余剰が発生した頃であったと思われるが、1両ながらわざわざ機関車を新製した樽見鉄道の意気込みを感じる。

1992(平成4)年にはTDE10形3号機が高崎運輸(現・ジェイアール貨物・北関東ロジスティクス)へ売却、入換動車DE10形108号機となって倉賀野駅や熊谷貨物ターミナル構内で近年まで入換業務にあたった。その後廃車されたが、解体されずに移動され現存しているようだ。

TDE10形1号機は貨物輸送の減少から2005(平成17)年10月に廃車。翌06(平成18)年3月には貨物輸送自体が廃止になったので、樽見鉄道のすべての機関車は2008(平成20)年頃にすべて廃車解体となった。

新潟臨海鉄道DE65形

新潟臨海鉄道は1969(昭和44)年9月に設立され、翌70年10月に白新線の黒山から藤寄まで開通した時に導入されたのが、自車発注のDE10系であるDE65形である。当時、国鉄線への乗り入れがあったことからDE10系の導入が決定されたようだ。

その後、1972(昭和47)年の藤寄~太郎代間開通により太郎代線の全

樽見鉄道にはさまざまな塗色のTDE10形が在籍したが、国鉄色にV字のアクセントを入れたTDE10形1号機が新製車。日当　写真／児島眞雄

2両が新造された新潟臨海鉄道のDE65形は、朱色に黄色い帯が特徴。写真の2号機は廃止後に秋田臨海鉄道に譲渡され、仙台臨海鉄道に活躍の場を移している。太郎代　2002年9月18日　写真／高橋政士

線が開通し、2両は主力機関車となった。65t機であるためDE10形と同じだが、重連総括制御と列車暖房用蒸気発生装置(SG)がないことから、DE11形の65t機と捉えることもできる。降雪地域で運用されることからA寒地仕様であり、塗色も白帯部分が黄色となっているなど独特の機関車であった。

2002(平成14)年10月1日付の新潟臨海鉄道廃止後は、DE65形2号機のみが秋田臨海鉄道に譲渡された。

さらに2011(平成23)年3月11日に発生した東日本大震災により壊滅的な被害を被った仙台臨海鉄道は、同年11月の運転再開に際し、秋田臨海鉄道からDE65形2号機を借り受け運行を再開した。塗色は貸出直前の2011(平成23)年8月に黄色帯が白色帯に変更され、国鉄色となっている。

2017(平成29)年には正式に購入され、2024(令和6)年4月現在、ほかのDE10形の譲受機3両と共に運用中である。

田野浦公共臨港鉄道 DE65形

1エンド2軸台車に隠れるように1軸台車があるDE65形1号機。通常の50t機よりボンネットが長いことから機関はDMH36Sだったら面白いところだが。塗色はボンネット上が灰色、白帯を巻いた下が松葉色と称したらよいのか、渋い緑色である。田野浦 1987年3月 写真/長谷川智紀

COLUMN

DE10系以外の液体式ディーゼル機関車で、唯一DEを名乗っているのではと思われるディーゼル機関車が、門司にあった田野浦公共臨港鉄道のDE65形だ。形式名から運転整備重量は65tであろう。

この変わり種のDEの軸配置は、DE10形のようなA・A・A-Bではなく、B-A-Bとなっている。通常のB-Bの4軸駆動機に1軸をプラスしたものだが、取って付けたように1エンド寄りの台車のすぐ側に1軸台車を付け足したもので、ほかでは見られないような軸配置である。

2軸台車と1軸台車では機構的にほとんど関連がないような形状をしており、この点でも特異な機関車である。DD54形のように台車間の中央に設けると、曲線での横動を許容する構造としなければならず、中間台車の構造が複雑になってしまうが、この位置ならそれも問題ないとされたのだろう。

全体の見た目は産業用の50t機のようで、運転整備重量が52tだとすると、4軸では軸重が13tとなる。しかし、この路線ではセメント列車などの重量列車の牽引があったため、DE10形と同様に粘着引張力を増大させるため、あえて運転整備重量を65tとして動軸を1軸増やしたのではと推測される。

このDE65形1号は1976（昭和51）年3月の製造（三菱）であるため、国鉄のDE10形を導入すればとの考えもあるが、「民有鉄道のDE10系」の項でも述べたように、大型機関と複雑な液体変速機の保守整備を避けるためにこのような形態になったのだろうが、それにしても不思議な形態である。

機関はボンネットの高さ、機関冷却装置の規模などから、DD13形でおなじみのDMF31SBと思われる。DMF31SBを搭載したDD13強馬力型では冷却装置は強制通風式となっているが、このDE65形1号機は自然通風式なので、放熱器素の本数が多いものと思われる。

しかし、DMF31SBを使用しているとなると、運転整備重量65tを達成するのは容易ではなく、相当の死重を積んでいるものと思われる。実際に写真をよく観察すると、端梁の厚さが100mmはあろうかというものだ。DE10形の1エンド側でも50〜100mmなので、これは相当なものである。

国鉄分割民営化と共にこの路線はJR貨物が運行することになり、貨物列車はDD51形が直接入線するため、このユニークなDE65形を含め、国鉄から譲受したDD13形65号機などの田野浦公共臨港鉄道の機関車はすべて廃車となった。

そして田野浦公共臨港鉄道自体も、2004（平成16）年には貨物列車の運行がなくなったことから翌年には営業休止。2008（平成20）年に廃止となった。しかし、線路は一部が平成筑豊鉄道門司港レトロ観光線となって、トロッコ列車が走る観光路線に生まれ変わっている。

第6章

記憶に残るDE10・11形

日本全国に配備され、足跡を残したDE10系列は、鉄道愛好家はもちろん、多くの現場の人たちにとっても記憶に残る機関車である。そこで、DE10形が所属する大宮機関区で国鉄マン人生を始め、『昭和の鉄道　聞き語り』(天夢人)の著者でもある松本正司さんに、機関区でのDE10・11形の記憶を綴っていただいた。

DE10・11形と共に過ごした若き日の思い出

国鉄に就職し、最初の職場として大宮機関区に配属された松本正司さん。当時の同区にはDE10・11形が配置されていて、川越・八高線の本線牽引のほか、現在はさいたま新都心になっている巨大な大宮操車場の入換を受け持っていた。裏方だけが知るDE10・11形の懐かしい思い出を綴っていただいた。

文・写真 ● 松本正司

国鉄 DE10形 ディーゼル機関車

レンガ庫の前にずらりと並んだDE10・11形。常磐アンテナを付けた佐倉区からの借入機91号機が到着。向きが逆だったのでこれから転車台に乗せて方転する。大宮機関区　1977年頃

DE10・11形との出会い

1977(昭和52)年1月、国鉄に就職した私は東京北鉄道管理局大宮機関区に配属になった。大宮機関区は6線のレンガ積みの立派な機関庫を持つ、首都東京の北の守りというべき車両基地であって、そのレンガ庫は上野から東北・上信越、また京浜東北線の車窓からよく見える、鉄道の街大宮のランドマークとなっていた。

かつて蒸気時代、50両もの機関車が配置されていた大宮機関区だが、私が就職した1977年当時は規模も縮小され、DE10・11形が18両と、高崎第一機関区に移管されたとはいえ、キハ30・35・36形が常時20両以上、絶え間なく入換作業をしていた。1日24時間、機関区構内にはDML61ZとDMH17のアイドリング音が絶えることがなかった。

あれから45年過ぎた今でも、18両の機関車のナンバーはそらで言える。DE10形は66・67・531・532・533・534・535・536・537・538号機。DE11形は39・40・41・42・43・44・1028・1029号機。その年のうちにDE10形1751号機が新製配置されて、19両になった。検査や入場などで機関車が足りなくなると、佐倉区のDE10形100号機など、キリの良い番号のカマが借入れ機としてしばらく働いては帰っていった。

このほかにも、大宮機関区は大宮工場の隣だから、工場に入出場する機関車・気動車は必ず機関区構内で入換をしていく。大宮工場は受持ち範囲が非常に広かったから、東は宇

都宮、武蔵野、真岡、水戸、内郷、北は高崎第一・第二、横川、水上、長岡、東新潟、南は田端、東京、品川、新鶴見、佐倉、木更津、西は立川、八王子、甲府、そして遠く静岡・浜松・そして遠江二俣の電気機関車・ディーゼル機関車・気動車が毎日、出入りしていた。これらの機関車・気動車を入換するのも私たちの仕事だった。

大宮区のDE10・11形の特徴は、前後デッキの手すりが増設されていたことで、通常は正面から見て連結器の上の部分の手すりがないが、ここにパイプを渡して隙間をなくしてある。大宮操車場から大宮工場まで距離があるため、入出場の客車貨車を取りに行くときに、連結手や転轍手を何人もデッキに乗せて行くからである。DE11形1029号機とDE10形1751号機は、この改造がされていなかった。1029号機は実は武蔵野機関区からの長期借入車だったことを、だいぶ後になってから知った。1751号機は最後の新製車だったからか、ついに改造されなかった。今もそのままである。

操車場入換と貨物列車が大宮区の運用

これら19両のDE10・11形に与えられた仕事は、川越・八高線の貨物列車牽引と、巨大な大宮操車場の入換作業であった。DE10形とDE11形は見た目はよく似ていて、興味がない人には見分けがつかないだろうが、大宮区では完全に用途が分かれていて、DE11形は大宮操車場の入換専用機で、DE10形は川越線・大宮操〜高麗川間と高麗川から八高線の寄居〜拝島間、および高麗川の日本セメント専用線と構内の貨車の入換だった。

1981（昭和56）年に東鷲宮駅が開業すると、東武鉄道との貨物受け渡しのために大宮区のDE10形が抜擢され、大宮操〜東鷲宮間の送り込みと返却は毎日、EF65形PFの貨物列車の機次で有火回送で行われた。たまに貨物がなくてEF65形とDE10形の重連単機になると、しばしば速度超過で非常ブレーキがかかって停まってしまった。

DE10・11形は変速機の低速段（入換位置）と高速段（本線位置）を運転台で切り換えるようになっているが、おおよそ低速段で45km/h、高速段で75km/hを超えると非常ブレーキが動作する。電気機関車の機関士はそれを知らないので、単機だからと調子に乗ってスピードを出しすぎると、後ろから非常ブレーキがかかってしまい、びっくりすることになる。

その他に、毎晩ではないが、工臨（工事用臨時列車）というのがあって、深夜0時過ぎに大宮駅を発車して、南浦和または上野まで往復して4時50分頃に帰ってくるスジであった。南浦和行は京浜東北線、上野行は東北本線の線路を、ホキなどの事業用車を牽いて走った。

DE11形は大宮操車場の入換専用機で、こちらの方が数が少なかったから、足りない分をDE10形で補っていた。

DE11形は入換専用機だったから、第1運転台（ボンネットの長い方に向かって左側）しか使っていなくて、第2運転台のブレーキ弁を針金で固定してあった。DE10形の貨物列車は下りは第2運転台、上りは第1運転台を使った。つまり、本線上では進行方向に対して常に左側の運転台を使う、ということである。

この頃の大宮区には2両のSG（蒸気発生装置）付きのDE10形66号機と67号機がいた。川越線に客車列車が1往復あった頃にはもう1両、65号機もいた。機関区の据付けボイラーの点検日には、このSG付きのDE10形をボイラー室の脇に停めて、機関車のSGで蒸気を送っていた。水はその辺の水道の蛇口からチョロチョロ送っていたが、燃料の補給のために1日1度、ピット線まで出てきて給油してやる必要があった。そんな手間はあったが、機関車で沸かした風呂に入るのは、また格別であった。

入換と本線がある機関車の仕業

当時の大宮区では、入換仕業は入1から入38まで、本線仕業は41から46まであった。これは蒸気時代とまったく変わらない。

入換仕業はすべて三交代で、入1から入12までは坂阜（ハンプ）の押上げ。入1から入6までは上り坂阜、入

大宮機関区に新製配置され、ともに歩んだ機関車として印象深いDE10形1751号機。高崎車両センター高崎支所を最後に、2024年2月1日付で廃車となった。大宮機関区　1977年頃

DE10形536号機を先頭に重連でセメントホキ車を牽く。大宮機関区のDE10形の運用は堂々たる貨物列車の牽引が含まれていた。
西川越〜的場間　1978年10月

7から入12までが下り坂阜。坂阜の引上げ線は上下それぞれ2本ずつあるから、押上げ機は常に4両が、入1と入4、入7と入10というように、ペアで働いていた。

番号は飛んで、入21から入26までが上り入換。入21から入23が方面列、入24から入26が駅列入換である。入27から入29までが雑入換、上り下りをまたがって入換する場合や、日本信号や食肉処理場の専用線の入換に当っていた。ひとつ飛んで入31から入36が下り入換。入31から33が方面列、入34から入36が駅列入換であった。入37から入39が北部入換。大宮駅北部にある大宮客貨車区と大宮工場に入場する貨車を2kmほど離れた大宮操車場まで取りに行き、出場車は坂阜の引上げ線に戻してやる、という仕事である。

本線の41仕業は日勤で、朝8時過ぎに出区していき、高麗川まで往復、14時過ぎに帰ってくる仕業である。いったん入区して整備後、今度は42仕業で16時過ぎに出て行く。帰りは翌朝である。これが蒸気時代は夕方

の821〜翌朝の822列車で、客車7両の通勤列車だった。無煙化後もしばらくはDE10形牽引の客車列車として残ったが、私が入社した頃はキハ30・35形の気動車になり、機関車の仕業は貨物列車になった。

42仕業で翌朝帰ってくると、今度は午後の43仕業で出区して行き、翌日戻ってくると、その日の44仕業でまた出区して行く。こんなふうに、検査や不具合等で機関車の差し替えがない限り、同じ機関車が41仕業から46仕業まで順に仕業に就き、それを繰り返す。入換仕業も同様で、入1から入12、入21から入39まで順に仕事をしていく。

工臨は251とか281、291というような仕業番号だった。蒸気時代には大宮操〜板橋までのセメント列車が50番台、水戸線の大宮操〜水戸の仕業が60番台だったと聞いている。

入換に長く使っていると、車輪のフランジが太くなってしまう。入換機では踏面ブレーキの使用が圧倒的に多いからである。そうなったらその機関車を本線に出してやると、しば

らくするとフランジが痩せて、通常の厚さになる。カーブでフランジがレールにあたり、すり減るからである。DE11形は入換専用機なので入場ごとの車輪転削になるが、DE10形ではしばしば、このような運用が行われていた。機関車配置表で入換専用機とされているものが時々本線に出てくるのは、こういうわけでもあったのだ。

新製車・工場出場車・転入車の整備

これらはいずれも無動力で回送されてくるから、到着後はただちに無動力を解く。といってもDE10・11形はブレーキハンドルも逆転機ハンドルも鍵操作で解錠するようになっているので、数カ所のコックを定位に戻してやるだけである。これがDD51形等だとブレーキハンドルを金具で固定してあるから、ナットを緩めて外さなくてはならない。DD13形や電気機関車だと、主ハンドルのノッチ刻み板に逆転機ハンドルも緊縛してあるから、これも解かなくてはなら

ない。だからDEの回送はとても楽である。

回送手配済みのDEを入換するとき、自動ブレーキが緩まないときはブレーキハンドルは固定されているから、第2運転台の右下にある扉を開けて、ユルメ弁のワイヤーを引いてやる。なのでDEの回送時は「ブレーキが緩まない時はこの扉の中のワイヤーを引いて緩めること」と表示をすることになっている。

ただひとつ注意しなければならないことは、DEの手ブレーキは車輪の踏面を押さえるのではなく、推進軸に付いたブレーキディスクを締める方式なので、外からでは手ブレーキが緩んでいるかどうか、分からない。必ず運転台に上がって、手ブレーキの緩解を確認すること。万一手ブレーキを巻いたまま走ると、発煙事故を起こして列車を長時間停車させることになる。

回着したDEは通常、燃料も水も砂箱もすべて空になっているから、受取検査が済み次第、これらを補給してやる。燃料はもちろん軽油で、DEの燃料タンクには2,500L入る。これを満タンにすると、東京から青森まで、無給油で行くことができると聞いた。水はSGの付いているカマは当然水タンクを持っているが、実はSGのないDE10・11形にも2エンド側のボンネットの中は大容量の水タンクになっていて、冷却水を兼ねたウエイトになっている。そのため日常的に減った分を補充している。

砂は台枠に固定された砂箱に、よく乾燥させた砂を補充する。砂が湿っていると砂撒き管のパイプが詰まってしまうから、各機関区には専用の砂焼き場がある。砂箱の蓋はゴム製の留め具で留まっていて、上に引っ張ると簡単に開く。

シャベルで砂を入れたら、棒でよく突いてやる。これをしないと砂箱の中に空洞ができてしまい、砂が出

なくなる。この棒は、蒸気時代の投炭用スコップの柄の部分が使われていた。水はいつも満タンにするが、砂はいっぱいに入れてはいけないとされる。「水は満タン、砂ハ分」と教わった。最後に道具番が車載工具の入った工具箱を積めば、準備完了である。

なお、入場・転属・貸出などで発送する場合はその逆で、工具箱・砂・水・燃料などをすべて落とす。

工場から出てきた検査上がりの機関車は、ほぼ設計図通り、新製時に限りなく近いように整備されてくる。それを受け取ると現場で独自に使いやすいように治して使う。一度、大宮工場からの出場が遅れ、19時頃に出てきたDE11形を、もうその晩から使うというので、大急ぎで整備したことがある。

その忙しいさなかに、何人かの検査係がピットに潜り込んでフランジ塗油器の向きを変えて車輪に当たらないようにしていた。フランジ塗油器は車輪のフランジがカーブですり減らないように油を塗っている機械だが、塗油器のローラーがレジン製で車輪より硬く、使うとかえってフランジが減ってしまうのだった。なんだかなぁ。

今でも覚えているのは、新製回着したDE10形1751号機だ。到着

から受取検査まで何日かあったので、じっくり観察できたのだが、砂箱に入っていたのは粒の丸い、きれいな砂だった。関東の機関車用砂は筑波山の山砂で半分泥が混じったような粒も不均等な砂だが、関西のは海の砂を洗って使っていると聞いた。砂箱を見るだけで、東西の差が分かるようだった。

鉄道車両に行う日々の点検と検査

現在は車両性能の向上や部品精度の向上から、検査周期が大幅に延びて、その周期も会社ごとに決められるようになっているが、当時の車両の検査周期は車両形式にとらわれず、運輸省（現・国土交通省）により厳密に定められていた。

1977（昭和52）年当時の車両検査や日常の点検を重い順に記すと、

❶ 全般検査（全検）：4年ごとに工場に入場させ、上まわり・下まわりを分離し、機関車ならエンジンやモーター、変速機や発電機、空気圧縮機等の補機、運転台機器などを完全に分解し、故障する可能性のある部分は交換もしくは加修する予防保全方式の検査。

❷ 要部検査（要検）：私鉄では重要部

借入機 DE10形 1121号機の回着整備。新幹線工事でレンガ庫は解体され、検修庫が新設された。給油・給水・給砂もここで行われる。大宮機関区　1983年

検査とも呼ばれている。全般検査と全般検査の中間（およそ２年経過後）に、全般検査ほどではないが、走行に必要な部分を分解して、消耗品の交換や加修などを行う。また要部検査以上では外板の塗装も行われる。

❸ 交番検査Ｂ（交検Ｂ）：全般検査と要部検査の中間、およそ12カ月経過後に行われる。機器のカバーを外し、内部の状態や動作チェックする。また車輪の形状が悪ければ、転削を行う。交番検査Ｂは大規模な車両基地では自区で行うが、大宮区では工場に入場させて行っていた。

❹ 交番検査Ａ（交検Ａ）：60日以内に自区で行う検査で、カバーを開けての在姿状態での目視検査、動作チェックなどが行われ、だいたい一日で終了する。もう時効だろうが、一度機関車がすべて出払ってしまい、予備がまったくなく、交番検査ができない状態になった。それで入換機でもあるし、書類上は検査を受けたことにして、次の交番検査まで注意運転する、ということが口頭で伝達された。なにごともなく次の検査まで運転できたのは幸いであった。本線の運用機だったら、そうは言っていられなかったろう。

❺ 仕業検査：48時間ごとに在姿で行う。検査係がハンマーで足まわりや連結器などを中心にコツコツ叩いて回る、あれである。ハンマーの打音によって、緩みがないか確認しているのである。また制輪子（ブレーキシュー）の交換も行われる。入換機は制輪子の減りも大きいから、頻繁に交換が行われる。時間は20分からせいぜい１時間ほどである。仕業検査は交検担当とは別の班があたる。

❻ 出区点検：乗務員によって行われる。機関を始動し、異音がないかどうか、前部標識・後部標識などの灯火は正常に点灯するか、砂は出るか、汽笛は鳴るか、などの各項目をチェックする。時間は機関車１両でおよそ20分程度である。

❼ 臨時検査（臨検）：交番検査・仕業検査のほかに、必要に応じて行われる検査。故障や部品交換の後検など。交番検査が毎日あるわけではないので、普通は交臨検というひとつの班になっていて、それゆえ交検と臨検が同時に発生すると、現場はてんてこ舞いの大忙しになる。

雨の日は大変だった 私たちの仕事

国鉄に入った私たちは、１カ月ほどの初等教育を鉄道学園で学んだの

ち、現場に配属される。機関区に配属された私たちの最初の職名は、構内整備係兼構内運転係。蒸気時代なら機関車に大勢で取りついてススや油や時には肉片などをボロきれで拭き取って磨き上げる仕事だった。

この時代はもう機関車磨きなどの整備の仕事は民託になっていたから、機関車磨きは何回かやっただけだった。それも大好きなDEだったから、ちっとも苦にならなかった。だから主な仕事は構内運転係、つまり赤と緑の旗を持って機関車の脇に添乗しての誘導だった。晴れて暖かい日であればディーゼルのエンジン音にあわせて旗を振るのは気持ちが良かった。

が、雨の日や雪の日、からっ風が吹き荒れる真冬の夜明け前は地獄のようだった。特に雨や雪は足元が滑りやすく、いつも危険と裏腹だった。一度、雨の日に出場機関車を２杯（機関車はイッパイ、ニハイ、サンバイと数える）持ってDE10形で入換中、国道に架かる橋の上で飛び降りたら足を滑らせ、転んでしまった。その瞬間、頭の上をDE10形が通り過ぎ、砂を撒いて停まった。橋枕木は普通の枕木より太く、高さも高いので轢かれないで済んだ。

大宮区はディーゼルの配置はあったが、機関区構内の大半は電気機関車の留置線で、大宮操車場で付け替える機関車が絶え間なく出入りしていた。今は貨物列車も拠点間直行輸送で、機関車の付け替えはしないが、当時は当り前のように操車場で機関車の付け替えが行われていた。

なぜかというと、当時はまだEF10・12・13形のような平軸受の旧形電機が残っており、これらは蒸気機関車と同じように、およそ50kmから100kmごとに入区させて軸受を冷やさなければならなかったのだ。貨車もまた平軸受が多かったが、貨物列車はあちこちで長時間停車するので、その必要もなかったのである。

雪の降る中、DE10形533号機の機関室を点検する同僚。雨や雪の日は、点検も入換も苦労した。
大宮機関区　1978年月2月

その操車場では、途中駅で連結されたさまざまな行先の貨車の列が無造作につながったまま到着する。その貨車の列を行先別、駅別の順に規則正しく1本の列車に仕立てるのが、入換機関車の役目である。

雑入換は別にして、上り列車の入換と下り列車の入換では、同じ操車場内でも別の場所にあるため、入換機もまた上り同士・下り同士に、坂阜は坂阜で組成して出区させてやらなければならなかった。その入換が大変で、そこへ気動車の出場が2杯、機関車の出場が5杯なんてあった日には、もう泣きたくなるようだった。ATSの取付改造の時は、1日2回に分けて都合12杯出場なんてあったとかで、先輩の苦労話を聞いたものだった。

若い頃に携わった 忘れられない出来事

大宮機関区構内にいたのは、若い日の8年あまりに過ぎないが、忘れられない思い出はたくさんある。ホンの少しだが、思い出話をしてみよう。

DE10形1751号機は、私が就職してから間もなく新製配置になったから、ことさら思い入れのある機関車だった。その1751号、新製数カ月後の入換仕業でまだ足慣らし中に、真っ白な排気を猛烈に吹き上げるようになってしまい、川崎重工のメーカー修理となった。本来なら兵庫まで回送されるところだが、機関車運用に余裕がなかったので、メーカーから技術者が来て出張修理となった。原因は潤滑油が燃料に混ざったからだとか。その後は順調に走行距離を延ばし、仲間のDE10・11形がほとんど廃車になった今も、45年の車齢を重ねている。

その1751号機もそうだったが、新製直後や工場出場車でタイヤが厚かったりすると、高速段で90km/h以上出た。先述したようにDE10・

11形は75km/hを超えると非常ブレーキが動作するのだが、タイヤの厚さによる誤差は修正されないようだ。ある機関士がタイヤの厚いのを見て、どこまで飛ばせるかやってみようと思い立ち、川越線の直線区間でフルノッチを入れたらあっという間に90km/hを超えたそうである。今の川越線は電化と高規格化で大宮〜川越間は95km/h制限だが、非電化当時は全線60km/h制限だった。

さてそのDE10・11形だが、空転・滑走すると自動的に砂が出て、空滑を停めるようになっている。だがどういう仕組みになっているのか、エンジンをかける時もかなり大量の砂が出る。ポイントの上に停めた時に砂を撒かれるとたまったものではない。ポイント掃除をするのは私たちなのだから。

DE10・11形のエンジンを始動するには、第2運転台の右下にある点検扉を開けて、中にある刃形スイッチ（ナイフスイッチともいう）を上に上げて入位置にし、運転台に上がって予潤滑ポンプのスイッチをしばらく押し、それから機関始動スイッチを押す。この順番を間違えて先に始動スイッチを押すと、盛大にノッキングを起してバッテリー電圧が12V位に下がってしまう。5分ほどでバッテリーは回復するが、ひやひやものである。

1000番代は大出力エンジンで抵抗が大きいのか、予潤滑を充分に行ってもなかなか始動しなくて焦ったものだ。ちなみに予潤滑ポンプは30秒定格なので、あまり長く押し続けるとモーターが焼けてしまうから、数回に分けて押すようにする。裏技として運転台に上がらなくてもエンジンは始動できる。先のナイフスイッチの脇に、予潤滑と機関始動の電磁弁があるから、それを直接押してやればエンジンがかかる。それをやっていたら検修助役に見られてしまい、「悪

い奴だなー！」とお目玉を頂戴してしまった。

広域運用で発覚！ 機関区による相違

1981（昭和56）年だったか82年だったかの改正で、拝島から先、八王子経由で横浜線の橋本まで、大宮区のDE10形が貨物列車を牽くことになった。乗務員は八王子機関区で、ここで問題が発生。DE10・11形のラジエーター部分には、冷却水を噴射して強制的に冷やす装置がある。私たちはそれをジェット噴射と呼んでいたが、大宮区では使っていなかった。

八王子区ではそれを使うというので、大宮区の検修ががんばって使えるようにした。長く使っていなかったので、ほとんどが詰まっていたそうである。そうとは知らない大宮の乗務員、ラジエーターから水が垂れている、という故障申告や、勝手にコックを閉めてしまい、水漏れを止めといてやったぞ、と自慢する者まで現れた。八王子の乗務員からは水が出ない、と苦情を言われ、入区のたびにコックを開けたり締めたり、検修陣泣かせだった。

長く勤めていると、時には事故にも遭遇する。私が遭遇したのは、脱線・激突・接触事故などだった。

川越線の旅客列車の最終が出た後、深夜に貨物列車が1本あった。その貨物列車が脱線！ 編成中のヤネ車（有蓋車）が脱線したのだが、終列車が行った後で、初列車までには時間があったので、旅客列車にはほとんど影響がなかったのは幸いだった。復旧作業に当たったベテランの保線区員がひとこと。「蒸気機関車の頃は線路があんまり荒れなかった。ディーゼルになったとたん、線路がすごいスピードで壊れていく」。DEの台車の柔らかそうなバネには、ひとくせあったようである。

また、高麗川駅で入換中に貨車と

機関区内でも時に事故が発生した。DE11形41号機が脱線、復旧の様子。ジャッキで機関車を持ち上げ、普段は救援車に積まれている事故復旧用枕木をかませて少しずつ移動する。大宮機関区 1980年1月

国鉄 DE10形 ディーゼル機関車

接触したDE10形536号機。私の大好きな機関車だった。かわいそうに、2エンド側の手すりがぐにゃり。さてどうしたものかと見ていると、日勤の検査係が出てきてさっそく復旧工事が始まった。DEの手すりと機関庫の柱をロープで結ぶと、機関車がそろりそろりとバックしていく。するとメキメキともミシミシともつかない音を立てながら、手すりがまっすぐに治っていく。「ま、こんなもんだろ」という掛け声で復旧完了。けれどもよく見ると、やっぱり少しだけ曲ったままだった。

本線以外で起こった事故の記憶

それから入27仕業のDE10形。たしか538号機だったか。入27は9時半の出区なので、よく9時から仕業検査を行っていた。この日は制輪子も交換したようだ。ところが時間になっても機関士が来ないので、誘導が乗務員詰所に迎えに行ったら、詰め将棋の真っ最中だった。「ちょっと待ってろ、すぐ行くから！」と走ってきた機関士、出区点検もせずにエンジンをかけるなり、いきなり走り出した。

すると、停まらない！誘導が赤旗を振っても減速せずに、向いていない転車台のピットに飛び込んでようやく停まった。原因は制輪子を交換した後、BCコック（ブレーキシリンダーの締切コック）を復位し忘れたためだった。

後検査をしなかった検修が悪いのか、出区点検をしなかった機関士が悪いのか。なあなあで済ませたのか、どちらが悪いのか私は聞いていない。復旧はピットの下から枕木を積み上げて機関車を持ち上げ、DE10形の重連で引っ張り出した。当該機はオイルパンのドレンコックが折れ、潤滑油が漏れただけで大事には至らなかった。折れたドレンコックは機関区で修理したようだ。

最後に私が遭遇した災難。工場出場機を2杯持ってDE10形で入換中、推進運転で留置中のEF65形PFに連結しようとしたところ、赤を振っても見ていなくてそのまま激突！ドカーンとすごい音がしてEF65形は車止めに突っ込み、スノープラウが枕木に食い込んだ。

改めてそっと連結して2mほど引っ張って入換は終了。問題は翌日、仕業検査の検査係がDE10形の変速機の脚が4本とも折れて、宙ぶらりんになっているのを発見した。DE10・11形の変速機は鋳鉄製の台の上に載っており、激しい衝動を受けると台の脚が折れることで変速機本体の破損を防ぐようになっている。

宙ぶらりんでも動くことはできるが、そう長くはもたない。いずれ壊れてしまう。この件では私が一升瓶を持って検修に謝りに行き、運転していた無免許の道具番の男はお咎めなして、面白くない思いをしたものだった。

愛しきDEたちとの別れの時

大宮区に勢ぞろいしたDE10・11形のほとんどは、1969（昭和44）年の川越線および大宮操車場無煙化の折に新製配置されたものだった。1981（昭和56）年の正月だったか、ベテランの検査係がSGの試運転をしているDE10形66号機を見て、「新製後12年か。こいつら、これからが最も良く走る時期だ」。

私は大きくうなずいたのだが、その頃から国鉄の貨物列車の削減が始まり、置く場所のない貨車が空身のまま日本中を走り回っていたり、行き場所のない貨車があふれて、国鉄ご自慢の武蔵野操車場のヤックス（Yard Control System）が何度もシステムダウンを起したりしていた。

民営化を前に、国鉄は貨物列車のシステム変革に舵を切り、ヤード（操車場）を廃止して、拠点間直通輸送にシフトすることになった。民営化のゴタゴタで私は職場を追われ、2年間世界をさまようことになるのだが、その数ヵ月後にはあのDE10形やDE11形たちもほとんどが職を解かれ、大宮操車場の一角に並べられて、やがて1両ずつ解体されていった。ほんの数両が他の職場へ移動していったが、それらもすでになく、今も動いているのはDE10形1751号機だけと聞く。車掌の時は、品川の客扱いで客車の入換に励んでいるDEの姿を見て、目頭が熱くなったものだった。運転士になってからは、何度か線路上ですれちがった。私も3年前に定年退職し、DE10形1751号機、彼女の機関車人生も間もなく終わるだろう。それまで、どうか無事故で走り続けてほしいと願うものだ。（2023年11月記）

（元国鉄・JR東日本主任運転士）